后浪

天空之吻

［法］米歇尔·马塞兰 著　程雨婷 译

浙江科学技术出版社

序　言

青少年时期我总是在想，宇宙究竟是有限的还是无限的？我觉得天体物理学家应该知道答案，那我长大后就要从事这个职业。然而直到进入科研行业四十多年后的今天，我依然不知道宇宙到底是有限的还是无限的……

我的父亲并不是科学家，他是皮具商、马具商，和皮革打交道，但他对一切都充满好奇心，也是他教会了我观察自然呈现给我的一切，尤其是在天空中，无论白昼还是黑夜。我让他给我解释一些吸引我的光学现象，他便给我买了一些书籍来回答我的问题，因为他自己也不知道答案。我就这样走上了科学研究的道路，更确切地说是物理，进而是天体物理。我的母亲也在我迈出成为天文爱好者的最初几步时鼓励我，她会在夜晚有漂亮的彗星经过或者出现特别的行星相合现象时把我从睡梦中叫醒，让我去观看。

我希望这部作品能够满足观天者的好奇心，并将他们引向相关职业。我也因此建议所有热爱天空的孩子们的家长鼓励孩子在这条道路上走下去。

中文版序言

  我曾有幸在 2009 年世界天文日活动期间到访中国，在武汉科技博物馆举办了多次天文和宇宙主题的大众科普讲座。2010 年我再次来到中国，在北京、武汉和广州举办讲座。这几次旅行使我有机会认识中国、她的文化和人民，我十分珍视这些回忆。我受到的接待总是充满热情，我非常高兴这本专门介绍我们能在昼夜的天空中观察到的现象的书能够翻译成中文出版。人们观察天空时不免会产生一些疑问，我希望读者们能在这本书中找到答案。天空永远充满令人惊叹的景观，我希望能将它们分享给尽可能多的人。

米歇尔·马塞兰

2022 年 2 月

目　录

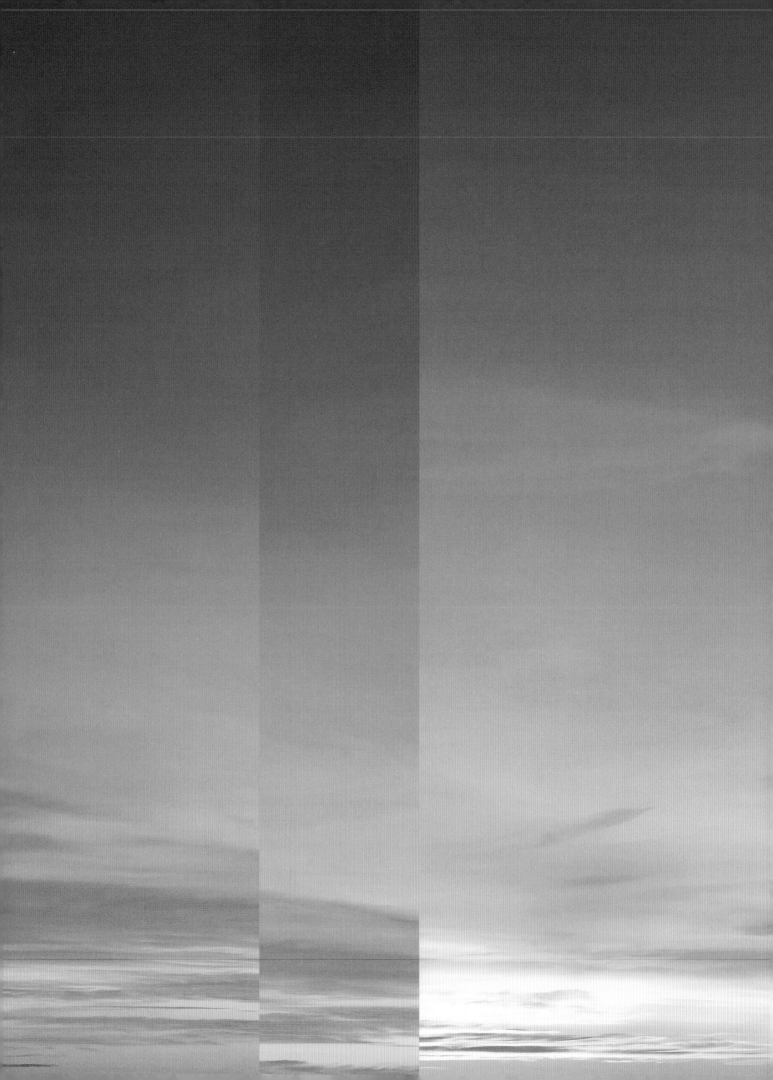

大气和气象学现象

彩 虹

全球定位	任何地方
全天定位	背对太阳
何时观察	当太阳距离地平线足够近且照亮空气中的小水滴时
如何观察	背对太阳，面向空气中悬浮的小水滴

彩虹是大自然为我们带来的最为多彩的光现象之一。它来源于光在小水滴中的**折射和反射**。光的折射角随着光的波长变化：太阳光是由不同颜色的单色光组成的，它们在小水滴中行进的路线不尽相同，从而形成了一道彩色的弧线。

彩虹的形成

清晨或傍晚是观察彩虹的最佳时刻。事实上，这一现象在太阳足够低且位于我们背面的时候最为明显；在我们面对的方向，光线穿过小水滴而被折射，接着在小水滴的内侧被反射，又在穿出水滴时被第二次折射后射向我们。一道彩虹就在与"太阳—观察者"连线成 42 度角的位置形成了。通常我们在第一道弧线的外围，52 度的位置还能看到第二道弧线，其颜色的顺序与第一道相反。这道副虹是由在水滴内部经历了第二次反射的光线形成的，这也解释了为什么它更加黯淡并且颜色的顺序相反，可它的半径却比主虹稍大一些。

印度尼西亚，西巴布亚省

想要看到这样在天空中画出一个近乎完整的半圆的彩虹，需要太阳离地平线足够近并且在观察者背后。

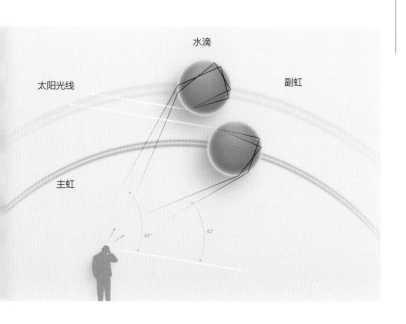

这张示意图展示了主虹和副虹形成的过程，不同颜色光线在小水滴中的行进路线，以及在经历了第二次内部反射后穿出水滴的位置。

雨水对彩虹的形成并不是必要的。瀑布或是泼水都能提供一道漂亮的彩虹所需的足够多的水滴。不管是喷泉还是花园灌溉装置，只要有水的喷射，就能够出现彩虹。

天空在主虹的内侧看起来总是更明亮一些。我们也会注意到，有时候在主虹的内侧会出现被称为"附属虹"的多条色带。

附属虹

想要解释附属虹的成因就必须提到光的波动性。实际上是在穿过小水滴的过程中经过了同样偏折的光线互相干涉，于是产生了这些色带。经典几何光学指出这应该只会增加亮度，但波动光学证明了在这一过程中因为这些光线之间存在相位差，从而产生光的干涉现象，形成明暗相间的条纹。

当水滴足够小（直径小于 1 毫米）时，附属虹的间距更大，主虹会变得更宽，色彩则不那么鲜艳。

斯科加瀑布脚下的双彩虹（冰岛）

夏威夷因为经常出现彩虹而被美国人赋予"彩虹州"的美名。

原因很简单：夏威夷群岛处于太平洋中心，位于信风带，这使得每个岛屿都有潮湿的一侧（东侧，云被风推动，在地势凸起处遇阻堆积）和干燥的一侧（西侧）。在岛屿中央，云团堆积和阳光照耀的两侧的交界处，我们集齐了观赏彩虹的所有必要条件。

理解光学现象

光的反射现象出现在光线遇到一个反射面（如一面镜子）的时候。反射光线以大小相同但方向相反的角度离开反射面，这就是为什么我们在镜子里看到在右边的东西实际上在左边，反之亦然。

光的折射现象出现在光线穿过的介质发生改变的时候，比如从空气穿到水里（或者反过来）。如果光线和介质分界面（比如水面）不垂直，它的倾斜程度就会在它穿过界面时改变，这就是为什么我们往水里插入一根木棒的话会看到它在水中"弯折"。同理，太阳或月亮的光线在从真空进入地球大气层时也会产生折射现象。它们越接近地平线，大气折射对于光线方向的改变就越显著，因为这时光线穿过的大气层更厚。因此，当我们观察刚刚升起或即将落下的天体时，它们看起来是扁的。

右侧照片是由宇航员于 2008 年 11 月 8 日在土阿莫土群岛上空 365 千米处的国际空间站拍摄的。在这张照片上，我们能辨认出云层覆盖区域边缘雨幕之中形成的一段彩虹。云朵在海面上的投影说明太阳位于照片左下方，因此彩虹的中心位于右上方，远在照片范围之外。

宇航员视角

　　我们没有理由不能在太空中看到彩虹，因为只要有被阳光照亮的小水滴就足够了。另外在飞机上也可以看到彩虹，这种情况下彩虹可能形成一个完整的圆，而地面上的观察者最多只能在太阳非常低的时候看到半圆。从太空观察彩虹的难度来源于彩虹的角直径，当它投射在半径长达数千千米的巨大的地球表面时，宇航员需要能够看到足够大的、充满小雨滴，并以一个合适的角度被阳光照亮的区域；更加困难的是，这些地方通常在云的下方，因此从空间轨道观察者的角度来看，它们被遮挡住了。没有任何一位宇航员报告过在绕地轨道上飞行时见到彩虹的经历。但是美国国家航空航天局（NASA）在一次存档检索中发现的一张图片表明彩虹的片段是可以从太空中被观察到的。

晕和华

22 度晕

全球定位　任何地方

全天定位　在太阳周围（或夜间在月亮周围）

何时观察　当天空被轻薄的卷云覆盖时

如何观察　为防止目眩，需要遮住太阳（比如用手）

　　人们最常看到的日晕（或月晕）是光线穿过卷云的冰晶时折射形成的，这些云朵在大气扰动来临时在空中形成一层薄纱。这种折射分开了不同颜色的光线，原理和彩虹形成相同，差别在于光线穿过的是冰晶而不是水滴。

　　这些冰晶通常呈六边形片状或者六棱柱状，因此它们扮演着三棱镜的角色。晕内部的天空看起来相对暗一些（穿过这些冰晶的光线被射出到偏离太阳照射方向至少 22 度的方向）。晕的内边缘常常界线分明、呈红色（偏折最小的颜色），而外边缘则更加发散、偏蓝色。

棱镜的作用

　　六棱柱中的一个面和它相邻的面成 120 度角，和相隔的面成 60 度角。光学定律指出这样一个棱柱的最小偏折角是 22 度，这也恰恰是晕经常被观察到的角度。一部分阳光不断被冰晶折射到 22 度的方向，观察者便能在这个角度看到明亮而多彩的晕。我们可以通过比较晕的视觉大小和伸直手臂后张开的手掌大小来验证这一角度，从拇指到小指大约是 20 度。

22 度晕的形成

六角形的冰晶在太阳或月亮周围 22 度处形成晕的过程中扮演了棱镜的角色。

太阳（或者月亮）所在的方向

22 度日晕，在冰岛通过一层薄卷云被观察到。画面中间的人挡住了太阳的强光使得亮度微弱的晕更加明显。

卷云中的冰晶

卷云是由直径为几十微米的小冰晶构成的高层云。这些冰晶最常见的形状就是六边形片状和六棱柱状，它们的形状解释了大部分我们能够在太阳或月亮周围观察到的晕的形态。

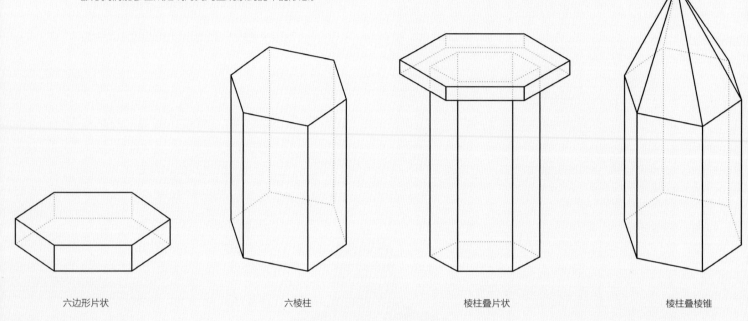

六边形片状　　　　　六棱柱　　　　　棱柱叠片状　　　　　棱柱叠棱锥

由于光穿过冰晶的路线不同，我们能够在 22 度，或者更罕见地在 46 度处观察到晕。后者是由光从冰晶的一个侧面穿入，再从底面穿出而形成的，这两个面成直角（90 度）。46 度恰恰是这样一个直角棱镜的最小偏折角。

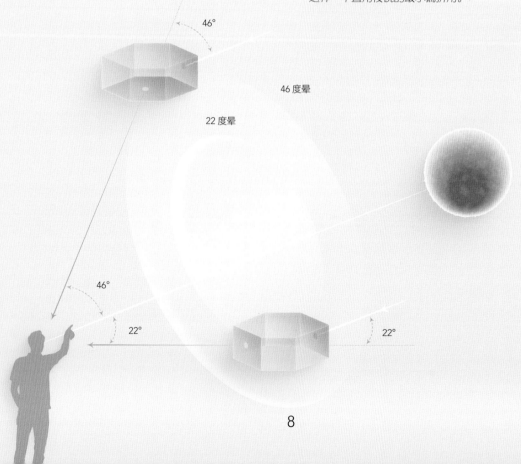

46 度晕

22 度晕

46°

22°

46°

22°

46 度晕

全球定位	寒冷地区为宜
全天定位	在太阳或月亮（更罕见）周围
何时观察	当天空被由特定形状的冰晶形成的薄卷云覆盖时
如何观察	为防止目眩，需要遮住太阳（比如用手）

我们也可以观察到其他类型的晕——包括更大、更罕见的 46 度晕——这是由冰晶的形状和它们相对于观察者的朝向决定的。此时的情形是冰晶呈六棱柱状，光线从它的一个侧面穿入再从底面穿出。

这种晕和 22 度晕一样，都是由小冰晶（小于 50 微米）形成的，小冰晶们在天空中可能处于任何姿态。它比 22 度晕更暗，光线必须穿过角度刚好的相对更长的冰晶，因此光线被散得更开，也更加难得一见。最壮丽的晕现象的照片通常是在高纬度地区拍摄到的，那里的寒冷使得冰晶更加容易在大气中形成，但我们所处的纬度依然常常能看到这些现象。（法国本土纬度范围约在北纬 42 至 51 度之间，与我国黑龙江省纬度相近。——译者注）

在这张 1987 年 12 月 7 日拍摄于弗尔里埃勒比伊松（位于巴黎西南远郊。——译者注）的照片上，我们能够辨认出 22 度晕，它的两侧各有一个幻日，上方还有一个上切弧。在图片的上方，我们能辨认出 46 度晕的上半部分，其上是环天顶弧。
注意，太阳上方的两个亮点是阳光在相机光学系统中的反射形成的。

环天顶弧

全球定位	任何地方
全天定位	天顶
何时观察	当天空被薄卷云覆盖且太阳足够低时
如何观察	看向空中即可，但这一现象相对罕见

顾名思义，环天顶弧就是以天顶为中心的一个圆弧，而天顶就是空中位于观察者所处位置正上方的点。这种光弧仅是整圆中的一小段，但它通常非常明亮且呈现彩虹般的颜色，按红色到蓝色的顺序，向着天顶的方向排列。

当阳光从水平朝向的六边形片状冰晶上表面穿入，再从侧面穿出时，环天顶弧就形成了。我们只能在太阳地平高度小于 32 度时观察到它，通常还伴有 46 度晕。当太阳地平高度为 22 度时，有趣的景象就会发生，因为这时的环天顶弧是最明亮的。此时如果也能够观察到 46 度晕，它们将会靠在一起。

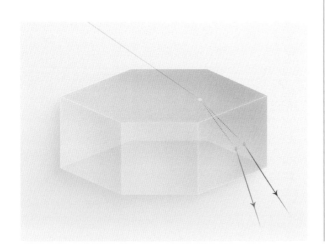

上切弧

全球定位	寒冷地区为宜
全天定位	太阳上方 22 度处
何时观察	当天空被薄卷云覆盖且太阳足够低时
如何观察	看环绕太阳的 22 度晕的上半部分

太阳靠近地平线的时候，在 22 度晕的上部可能形成两条上切弧。而当太阳的地平高度为 30 度时，这两条弧线和 22 度晕完全相切，因此就观察不到了。

太阳下落的过程中，这两条弧线越分越开，我们尤其可以在 22 度晕的上半部分看到它们呈两条天线状。帮助形成这一现象的是那些主轴为水平方向的六棱柱形冰晶。对冰晶朝向的特殊要求使得它相对罕见。

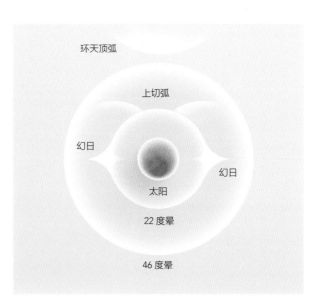

太阳被云遮蔽，位于图片左侧，使得位于图片右侧的幻日更加明显，看起来像一小段彩虹。

幻日

全球定位　任何地方

全天定位　距离太阳 22 度处

何时观察　当天空被薄卷云覆盖且太阳足够低时

如何观察　为防止目眩，应当遮挡住太阳

　　当 22 度晕离地平线足够近的时候，它常常会因为幻日的加成而更加明亮。这是一种明亮可见的光斑，出现在太阳两侧，和太阳在相同高度上。有时候它们又大又亮到晃眼的程度，因此又被称为"假日"。

　　由于云层的条件，我们只能观察到两个幻日中的一个；同样，这时候我们也不一定能看到 22 度晕的其余部分。幻日在太阳足够低的时候更容易被看到，并且需要云中形状符合条件的冰晶比一般稍大一些，也就是大于 50 微米（1 毫米的 50‰）。这种冰晶在卷云中相对常见；它们由一个小六棱柱和上面覆盖的一个六边形冰片组成，宛如一把把微型太阳伞，这种形状使得它们能够保持竖直的姿态。这种结构也导致了光线在其中同时经历在冰晶内部的**色散**（使得幻日看起来像一小段彩虹）和在垂直的外侧面的**反射**，使得幻日更加明亮。

日柱

全球定位　任何地方

全天定位　紧邻地平线的上方

何时观察　当太阳即将升起（或刚落下），并且有一层薄卷云时

如何观察　只需看向地平线附近太阳升起（或落下）的位置

　　当大气中悬浮的冰晶是六边形片状并且最好是水平朝向时，它们的平面就像无数的小镜子反射着太阳光，形成一种柱状的光带，它常常在太阳即将升起或者刚落下时在地平线附近被观察到。

这条日柱出现在尚未露出地平线的太阳上方，是由一片薄卷云中的冰片反射阳光形成的。

12

月晕和华

全球定位 任何地方

全天定位 在月亮周围

何时观察 天空被薄卷云覆盖的月圆之夜

如何观察 为防止目眩，可以伸直手臂用手指遮住月亮

我们在太阳周围能看到的光晕理论上在月亮周围也能以同样的方式形成。但月亮的亮度比太阳低得多，月晕微弱的亮度使得它们很难被观察到，只有22度晕例外。

有一种特殊的光晕，基本只能在月亮周围看到（它在太阳周围也能形成，但会被淹没在太阳的强光之中），它是由光线穿过小水滴构成的层云时的**衍射**形成的。这种光晕叫作华（见下页图），区别于由冰晶形成的晕现象。光的衍射现象在物理学中的描述理论和光通过棱镜的色散现象实际上完全不同，但依然是一种遇不同颜色则效果不同的现象，因此华也呈不同颜色的同心圆的形式。火山喷发的微小颗粒（几微米大小）也能触发华现象。

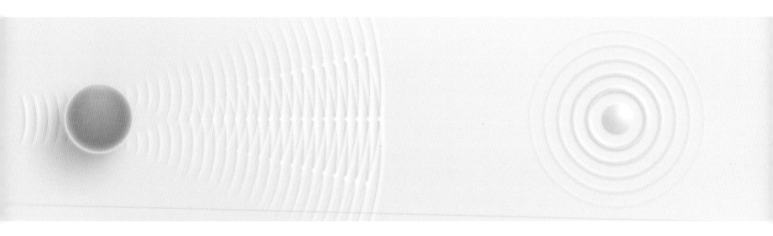

光线经过微小障碍物时的衍射现象

光波在传播的过程中再分为多个小波，这些小波之间互相干涉（如上图左侧所示）。结果就是形成如一系列同心圆的干涉图样，它们的亮度从中心到边缘逐渐减弱（如上图右侧所示）。

理解光学现象

光在遇到微小障碍物或者穿过小孔时会产生衍射现象。当障碍物（或小孔）的尺寸接近光的波长时我们就能观察到这一现象，这一尺寸对于可见光来说是微米级别的。要计算经过小障碍物（或小孔）后光的分布，需要用到光的波动特征，经典几何光学定律不考虑这种情况下产生的光的干涉现象。

衍射和散射现象之间的区别并不明显。它们之间的差异主要在于分析现象时使用的方法论和物理定律不同。散射理论利用的是光的粒子性（把光看作由光子构成），而衍射理论利用的是光的波动性（把光看作一种波）。

彩色的月华，由光经过微小水滴时的衍射形成。

形成华的小水滴

它们通常直径为 12 到 20 微米。水滴大小越均一，华的颜色越鲜艳。最美丽的华通常是通过高积云形成的，因为组成高积云的水滴大小均匀。如果同一朵云中水滴大小差别很大，不同颜色的光环互相重叠，形成的华就更加黯淡。如果水滴偏大，华就会更小，不那么壮观。

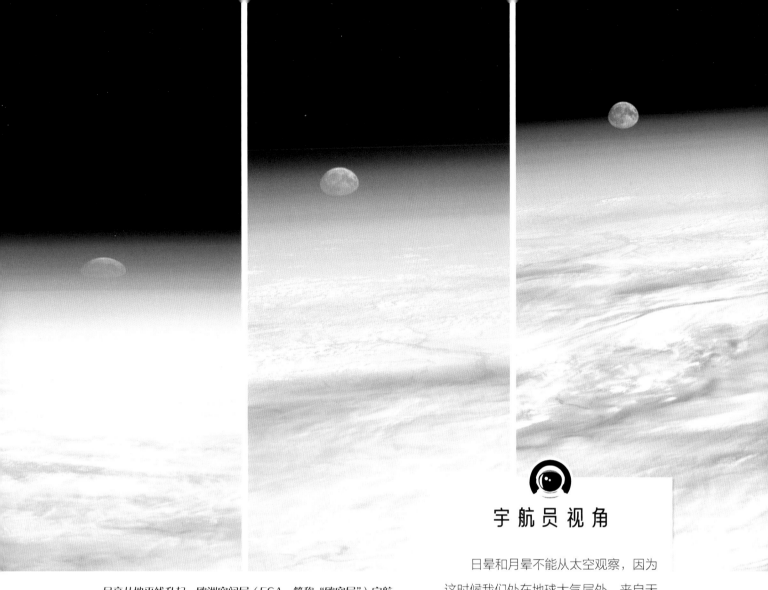

月亮从地平线升起，欧洲空间局（ESA，简称"欧空局"）宇航员保罗·内斯波利 2011 年摄于国际空间站
月面因地球大气对光线的折射而呈扁圆状，十分壮观。

宇航员视角

日晕和月晕不能从太空观察，因为这时候我们处在地球大气层外，来自天体的光线就不能被光路上的云团中的水滴或冰晶影响到。当我们处于绕地轨道的时候，只有在地平线附近时天体的光线才能受到云团的影响，但此时云层太薄（从角度方面来说），无法通过这些云看到任何形式的晕。

然而，如果大气透明度足够高，宇航员就处在观察由于光线穿过较厚的大气层被弯折而使日面或月面在地平线附近变扁这一现象的最佳位置。更值得一提的是，他们能在 24 小时之内看到 16 次太阳和月亮的出没，因为他们绕地球转一圈差不多只用一个半小时。

布罗肯奇景和宝光

全球定位	在山中为佳，但也可以从飞机上看到
全天定位	背对太阳
何时观察	当山脊或峰顶起薄雾时
如何观察	应该看自己投在云上的影子

布罗肯奇景以它于 1780 年第一次被观测和描述记录的德国山峰命名。这一奇景是当太阳在我们背面，我们能看到投射在云雾之上的自己的影子。这一现象有着极为特殊的形成条件。

这个影子常常被一个由不同颜色同心圆组成的光晕环绕，这种光晕被命名为"宝光"，增加了它的奇幻色彩。这一现象与光线经过雾气中的小水滴时的后向散射有关，这些水滴的大小约为 10 微米。穿入水滴的光线被射回原来的方向，但不同颜色的光有不同的角度；光环的直径取决于水滴的大小。观察这一奇景的最好条件是在云雾缭绕的山峰顶端。（"宝光"原文"Gloire"，有"荣耀"之意。有些地方也称这一现象为"佛光""观音圈"等，具有神秘色彩。——译者注）

"我身处比利牛斯山脉中南比戈尔峰天文台积雪覆盖的露台上，和两位同事一起，我们突然发现自己投在下面环绕着山顶的云雾上的影子开始消散。我的影子被彩色的光环围绕，而我的同伴们的影子几乎看不见了。这景象既壮观又转瞬即逝，它随着云雾的消散消失了，天文台随即沐浴在灿烂的阳光之中。"

——米歇尔·马塞兰

一张飞机的影子的照片，飞机在云端之上被环形彩虹（飞行员宝光）环绕，摄于伊利诺伊州芝加哥附近。

宝光现象在飞机下方有云层时相当常见，尤其是在起飞或降落的过程中，即飞机刚刚穿出或即将穿入云层的瞬间。如果坐在飞机背阳的一面，我们就能看到下方被多彩光环环绕的飞机的剪影。当云层中的水滴很小时光环更大，当水滴大小均一时光环的颜色更加鲜艳。

宝光，欧空局宇航员亚历山大·格斯特
2018 年 9 月 14 日摄于国际空间站
与我们从飞机上所见不同，空间站的影子在彩色光环的中心并不可见，这是因为它处于高空（400 千米），而形成这一现象的云层只有几千米高。

宝光的物理原理

宝光的形成似乎有多种复杂的机制参与，物理学家们很难给出一个详细的解释。针对这个问题的第一个理论由德国物理学家古斯塔夫·米（Gustav Mie）于 1908 年提出，认为这是光波被球形颗粒散射形成的。虽然这一理论能够较好地还原我们观察到的光环，但它并不能解释光线被小水滴后向散射这一点。这一理论在 1947 年由荷兰天体物理学家亨德里克·范德胡斯特（Hendrik van de Hulst）完善，他指出水滴内部形成的表面波之间存在干涉。一些细节始终没有被解释明白，巴西的一位物理学家，赫希·莫伊塞斯·尼森斯维格（Herch Moysés Nussenzveig）在 2002 年进一步完善了前人的工作，他指出，宝光的大多数光线来自轻轻擦过小水滴的光线，它们的一部分能量通过隧穿效应进入水滴内部，又同样通过隧穿效应射向观察者的方向。这一效应完全违背直觉，它与光的波动性相关。隧穿在量子力学领域为人熟知，它能够解释为什么一个没有获得足够能量的粒子能够穿过障碍物（这并不是只存在于实验室的奇观，我们在日常生活中经常用到它，比如 U 盘）。

除了对宝光中光线分布的完整解释，对这一阳光和水滴的相互作用的细致理解也被证实对于评估云团在气候变化中的作用至关重要。

宇 航 员 视 角

　　我们曾经在很长一段时间内都认为这一现象不可能从太空观察到，因为那里距离能够观察到这一现象的云雾表面过于遥远。但在 1984 年，发现号航天飞机上的一位宇航员在太平洋上空拍到了一次宝光。图片显示了蓝色背景上多种多样的云彩，以及其中一片卷积云上形成的宝光，它的对比度非常低，以至于人们直到后来在详细察看任务过程中所拍摄的照片时才发现它。近期又有一名欧空局的宇航员在太空中观察并拍摄到了这一现象。

绿　光

全球定位	任何地方
全天定位	紧贴地平线
何时观察	日落或日出
如何观察	需紧盯日落时日面最后一个亮点消失于地平线的时刻，或（更加困难地）紧盯日出时第一个光点出现的时刻

这个名为"绿光"的现象因儒勒·凡尔纳的同名小说而广为人知，但它更合适的名字应该是"绿点"或者"绿辉"，因为它并不是通常意义上的光线。盎格鲁－撒克逊人称它为绿闪，这道光辉实际上是太阳在地平线上完全消失前可见的最后一点。

绿光的观察要求非常透明的大气，没有水汽也没有尘埃，还需要数千米清晰可见的地平线。通常只有海边，甚至海上或者高山上才能满足这些条件。通过双筒望远镜或者天文望远镜，你可以观察到它确实是日面上半部分露出地平线的绿色边缘。我们也能够在日出时观察到绿光，但它更加困难——这一现象的持续时间非常短，甚至不够一秒钟，因此需要观察日出的确切位置。观察到月亮的绿光也是有可能的，但它比太阳黯淡得多，所以不那么壮观。

光学现象的组合

绿光的形成要用两种光学现象的组合来解释：折射和散射。首先，光线穿过的较厚的大气层扮演了棱镜的角色，它使得一些颜色的光偏折得更多，从而分开了不同颜色的光线（我们称之为**大气折射**）。按照顺序，偏折程度由大到小依次是紫、蓝、绿、黄、橙、红。太阳越靠近地平线，这时候光线穿过的大气层厚度越大，绿光现象就越明显。圆面底部的光线比上部的光线被偏折得更多，便形成了太阳圆面变扁这一壮观的景象（这和月亮在地平线附近变扁的现象成因相同）。

绿光，智利帕瑞纳天文台
我们可以很清楚地看到大气折射使得靠近地平线的太阳改变了形状，底部的光线被偏折得更多。此外，大气还扮演了棱镜的角色，它分开了阳光中不同的色光，使得落日的圆面呈现出和彩虹中类似的颜色分层。从底部的红色开始往上，我们依次看到橙色、黄色和绿色。理论上应该处于顶端的蓝色和紫色在面向观察者穿过大气层时被散射了。因此最后消失于地平线的就是日面顶部的绿色边缘，这就形成了绿光。

"您可曾观赏过在海平面上徐徐下落的夕阳？是的，有可能。那您是否目不转睛地跟随，直到太阳消失前日轮的上半部与水平面相切的那一刻？也很有可能。那么当天空万里无云、一片纯净时，就在太阳射出最后一缕光线的那一刹那，您是否观测到了那个神奇的现象？没有吧。如果您有幸拥有这样的机会——当然这样的机会千载难逢——您就会发现，和我们通常所想的全然不同，跃入您眼帘的那最后一缕光不是红色的，而是一道'绿光'。那种绿简直不可思议，世间没有一位画家能用调色板调出这样的绿色，自然界中，无论是种类繁多的植物还是最为清澈的海域都不曾拥有这样的颜色，也许只有天堂才会有这样的绿色吧，或许这就是真正的希望之光。"

——节选自儒勒·凡尔纳的小说《绿光》（王琪译，译林出版社，2009 年）

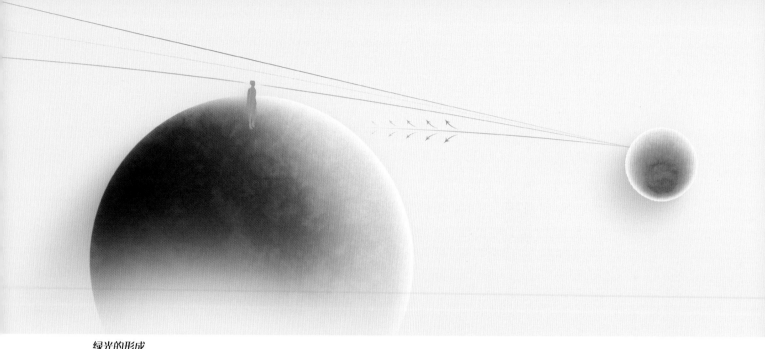

绿光的形成

在太阳消失于地平线的过程中,绿光是最后能够到达观察者眼睛的光线,因为它们在大气中被偏折最多。蓝色(和紫色)的光线被偏折更多,它们在到达人眼之前就在大气中被散射殆尽了。

理解光学现象

当光线遇到小障碍物时会产生**散射**,比如直径几微米的小水滴或小尘埃颗粒。光线被分成多束并射向不同的方向。我们都在挡风玻璃没有擦干净的车里迎着阳光行驶的时候见过这一现象——被粘在挡风玻璃上的小灰尘散射的太阳光线能够对驾驶员造成不小的干扰。当散射发生时,大多数光线还是沿着几乎相同的方向继续传播,但某些情况下,相当一部分光线会被返回它们来时的方向:这就是我们所说的**后向散射**。

当一个光学现象取决于光的波长时就会涉及**光的色散**——这一现象会将光按不同的颜色分开。尤其在光的折射中,比如通过小水滴或者一个玻璃棱镜,产生彩虹般的颜色(我们也称之为光谱)。光的散射和光的折射都与光的波长相关,所以它们能够形成多彩的光学现象,但光的反射与波长无关,因此不会产生色散。这也是在对天空的观测中反射式望远镜(利用镜子的反射作用)取代了折射式望远镜(利用玻璃棱镜的折射作用)的原因之一。

绿光,瑞典北部弗勒瑟姆岛

在日落的最后一分钟,这一组绝妙的七连拍记录了变形了的日面边缘逐渐消失在天边树林形成的地平线上的过程,并且捕捉到了绿光。

由于大气中的色散，地平线附近的日面呈现出和彩虹类似的颜色分层。那么日面完全消失于地平线前最后可见的一点应该是蓝色甚至紫色，但是这些颜色在到达我们的眼睛之前就在穿过大气的过程中被散射了。因此我们能够见到的日面最后的上边缘就是绿色的。这就是为什么我们感到这一绿点停留几乎不到一秒，因为这条边缘线非常细，并且非常快地消失在地平线上。

为了更好地观察它，尤其是用双筒望远镜的话，在大部分日面还在地平线上时应该避免直视它，要静候最后的时刻来捕捉这著名的绿光。但我们必须要有耐心，因为这一现象相对罕见。

天空的蓝色

天空的蓝色要通过大气分子对太阳光的散射来解释。参与散射的粒子尺寸全部比光的波长小，这里我们说的是瑞利散射，它以钻研并且给予它数学形式的科学家的名字命名。他证明了散射作用对于短波长的光比对于长波长的光更高效，对可见光光谱而言就是对蓝色的那一端比对红色的那一端更高效。蓝光的波长约 400 纳米，只有红光波长（800 纳米）的一半，因此蓝光的散射效率高达红光的 16 倍（2 的 4 次方，因为这一现象的效率与波长的 4 次方成反比）。可见光光谱按照彩虹中的顺序呈现出由红到蓝的各种颜色，因此天空的颜色由蓝色主导。

宇航员视角

绿光应该常常能够被宇航员观察到，因为他们处在观察这一现象的理想位置，天空总是十分清朗，直至地平线，视线内也没有任何障碍物。此外，他们每 90 分钟就能看到一次日出（和日落）。尽管如此，见过这一现象的宇航员还是非常少，很可能是因为这一现象在太空中过于短暂。航天器的轨道速度很快（国际空间站的速度是 28000 千米 / 时），使得这一现象持续不到十分之一秒，而对于地面上的观察者而言它能够持续一到两秒。因此我们很难在美国国家航空航天局和欧空局的相册中找到这样的照片。这张照片由一位宇航员于 2003 年 10 月 20 日拍摄于国际空间站，此时国际空间站正处于南大西洋上空。

地球阴影

全球定位	任何地方，制高点为佳
全天定位	紧靠地平线上方
何时观察	日落后或日出前
如何观察	看向傍晚日落或清晨日出的反方向的地平线

地球阴影是一个鲜为人知的现象，但我们在早晨日出前或傍晚日落后非常容易看到它。确实，在日落后天空清朗时，我们能够在东边看到一条粉色的水平色带缓缓升起。

太阳落下后仍能被照亮的高层大气形成了这条粉色的色带，在它之下我们还能看到一条灰暗的界线，这恰恰就是地球投在大气层上的影子。当我们处在孤山顶上的时候，甚至能够清楚地在东边，也就是背向落日的方向看到这座山峰的影子。此后几分钟内，这个影子就会逐渐被淹没在渐渐占领整个天空的地球阴影中。夜幕就这样逐渐降临。同样的现象以相反的方式在清晨日出前发生，夜色渐渐向西方褪去。这条勾勒地球阴影的界线被称为"反曙暮光弧"，其上粉色的部分则有一个诗意的名字——"维纳斯的腰带"。

地球阴影投射在大气层中，智利帕瑞纳天文台
被称为"维纳斯的腰带"的粉色条带在阴影上方清晰可见。

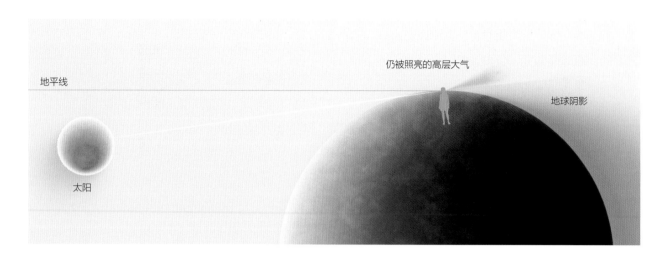

地平线

仍被照亮的高层大气

地球阴影

太阳

地球阴影

当太阳落下地平线，观察者能够在日落相反的方向看到地球阴影。高层大气仍然被落日的余晖照亮，它呈标志性的粉色，因为阳光中的短波部分（紫色、蓝色和绿色）在由切向穿过大气层时都被散射殆尽而不能到达。

投射在大气中的冒纳凯阿火山（夏威夷）的阴影

宇航员视角

处在绕地轨道上的宇航员有充分的机会观察地球阴影，因为他们每 90 分钟就绕地一周，一天之内可以看好多次。有趣的是我们注意到从太空看到的颜色和从地面观察是一样的，都是蓝灰色的阴影加上边缘的粉色条带。

地球阴影，2019 年 5 月由欧空局宇航员亚历山大·格斯特摄于国际空间站

蜃 景

下蜃景（热蜃景）

全球定位 任何地方，炎热地区为佳，或是我们所处纬度的夏季

全天定位 紧邻地平线上方

何时观察 当地表有一层热空气时

如何观察 看向远方有极热空气处即可

热蜃景更加为人熟知，它就是使沙漠中的旅人以为自己看见了有水面倒映着棕榈树的绿洲的现象。这并不是一种幻觉，因为这幅让人联想到水面倒影中倒置的棕榈树的画面是确实存在的，我们甚至可以用相机将它记录下来。

我们都在夏季热浪覆盖的道路上见过这种蜃景。我们看到远处的汽车仿佛在水面上行驶，因为我们觉得自己看到了它们的倒影。这实际上是远在天边的车辆的一种影像，它是由于光线被紧贴地面的一层特别热的空气弯折而形成的。准确地说，不是这层热空气弯折了光线，而是环境大气与这层热得多的空气之间的温度差引起了这一现象。后者的温度实际上可以比环境温度高出十来度，这使得短距离内空气的折射率发生了很大变化，从而改变了光的传播路线。这些光线的反向延长线形成了我们看到的实际物体下方的倒置影像，"下蜃景"也因此得名，人们更倾向于用这个名称而不是"热蜃景"。

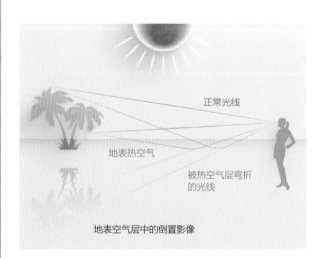

正常光线

地表热空气

被热空气层弯折的光线

地表空气层中的倒置影像

下蜃景

夏季路面热空气层形成的蜃景

上蜃景（冷蜃景）

全球定位　寒冷地区

全天定位　紧邻地平线上方

何时观察　当地面或海洋表面的冷空气层上有一层热空气时

如何观察　看向远方有较热空气处即可

在寒冷地区，尤其是高纬度地区，我们可以看到由一层较热空气形成的蜃景，这层热空气的温度高于地表或者海洋表面的空气温度。

这层较热（更准确地说是不那么冷）的空气导致来自被观察物体的一些光线弯折，使紧邻物体上方处出现一个倒置的影像。"上蜃景"因此得名，这个名称比"冷蜃景"更合适。和下蜃景一样，光线的弯曲并不是那层热空气本身引起的，而是寒冷表面与这层位于上方的空气之间明显的温度差异引起的。温差使空气的折射率产生了显著的变化，从而改变了光线的传播路径。

折射率

透明介质（空气、水、玻璃等）的折射率和光在其中的传播速度相关。折射率越大，光在这种介质中传播得越慢。光从一种介质到另一种折射率不同的介质的穿越表现为传播方向的改变，两种介质之间的折射率差异越大，光传播方向的改变就越大。

真空的折射率等于 1，空气的折射率大于 1（1.0003）——冷空气大于热空气。水的折射率大约是 1.3，玻璃大约是 1.5。

苏必利尔湖上的上蜃景，北美洲

湖面上这艘船的倒立影像出现在了它上方的天空中，而湖面的倒像看起来像更远处的第二道水天交界线。

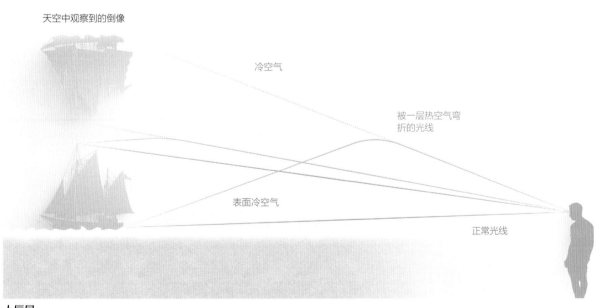

天空中观察到的倒像

冷空气

被一层热空气弯
折的光线

表面冷空气

正常光线

上蜃景

埃及沙漠中的复杂蜃景，阿布辛拜勒附近

复杂蜃景（法达摩加纳）

全球定位　气温极端地区，极热或极冷

全天定位　地平线处

何时观察　当有冷热空气层交替堆积时

如何观察　看地平线处即可

当温度差相当大的冷热空气层交替堆积时，我们能看到上、下两种蜃景的叠加。这能够带来远方物体或者景观的超现实视觉效果，倒立和正立的影像相互交错。

这种特殊蜃景的名字——"法达摩加纳"（"摩根勒菲"的意大利语译名），为这一现象增添了神秘色彩。在炎热地区，只要有热空气和不那么热的空气层叠堆积，我们便能看到；同样在寒冷地区，有冷空气和不那么冷的空气层叠时，我们也能看到。多层影像的堆积使得法达摩加纳形成天边景色垂直延伸的奇观。（摩根勒菲是亚瑟王传奇中登场的邪恶女巫，其形象形成于12世纪早期，具有邪恶巫后和美好仙女的双重形象，精通医术和变形术。此处意语和法语都是音译，直译为"女巫摩根"。——译者注）

格陵兰的复杂蜃景

马赛所见卡尼古山：
一种独特的蜃景？

全球定位 马赛及周边

全天定位 地平线处

何时观察 当太阳落向比利牛斯山脉的方向时，
1 月至 2 月中以及 10 月中至 12 月中

如何观察 日落时分看向地平线处即可

从马赛可以看见位于东比利牛斯省的卡尼古山脉，可它们之间的直接连线却穿过海底！这座山峰和马赛的直线距离近 260 千米，如果我们从山顶开始画一条直线一直到马赛，这条直线将从地中海海平面以下一百多米处穿过。

这一现象并不是严格意义上的蜃景，它只是普通的大气折射造成的现象。但它不比蜃景逊色，它在 1808 年由在马赛生活了几年的奥地利天文学家弗兰兹·科萨维尔·冯·扎克男爵（Baron Franz Xaver von Zach）首次记录并留有画作为证。在马赛地区一年有两个时期可以观察到这一现象，2 月或者 10 月底至 11 月初。这一现象的爱好者们每年 2 月 10 日和 11 日以及 10 月 30 日和 31 日相约在守护圣母圣殿的广场，来观看日落时分日面上出现的卡尼古山的剪影。

这个现象裸眼可见，但如果想要好好享受这一奇观，有个双筒望远镜就更好了，因为在太阳落下之后的好几分钟之内，山峰的剪影在落日的明亮背景中依然可见。我们甚至也能在月面看到卡尼古山的剪影。

一个网站了解关于马赛所见卡尼古山的一切

马赛天体物理实验室的一位科研工程师，阿兰·奥里涅（Alain Origné）已经成为这一现象的专家，并且维护着一个专门为这一现象而设立的网站。

除了图片和视频，网站还有详细的计算和一些表格，给出了马赛地区不同地点的观察日期和时间。

卡尼古山在落日上的剪影，
摄于卡耐尔岬角

马赛所见卡尼古山

卡尼古山顶和马赛之间的直接连线从地中海海平面以下一百米左右穿过，但大气折射弯折了光线，这使得卡尼古山的上半部分在马赛可见。海拔 2450 米以上的部分都可以在与海面相切的地平线上观察到。

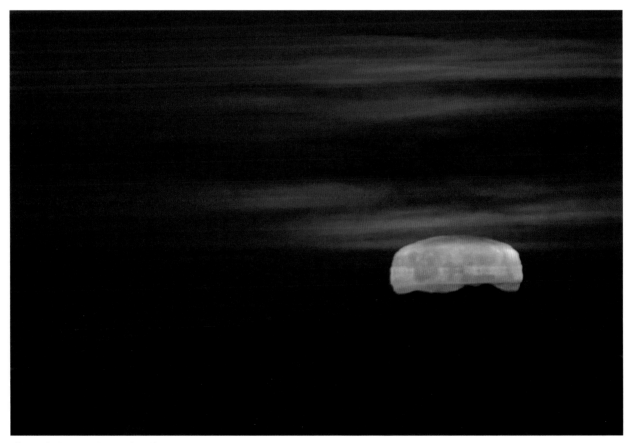

满月落山时月面上的卡尼古山剪影

大气折射使得月面变扁的现象在这里十分壮观。

2019 年 9 月 13 日摄于位于拉西约塔和欧巴涅之间的乌耶山口（le Pas d'Ouillier）。

云

地球大气层中存在着各种各样的云。它们位于不同的层次，最常见的分布在距离地表几百米到 10 千米处。有些云更高，在平流层，距离地表 20 千米左右。

低层的云由水滴构成，高层的云则由冰晶构成。

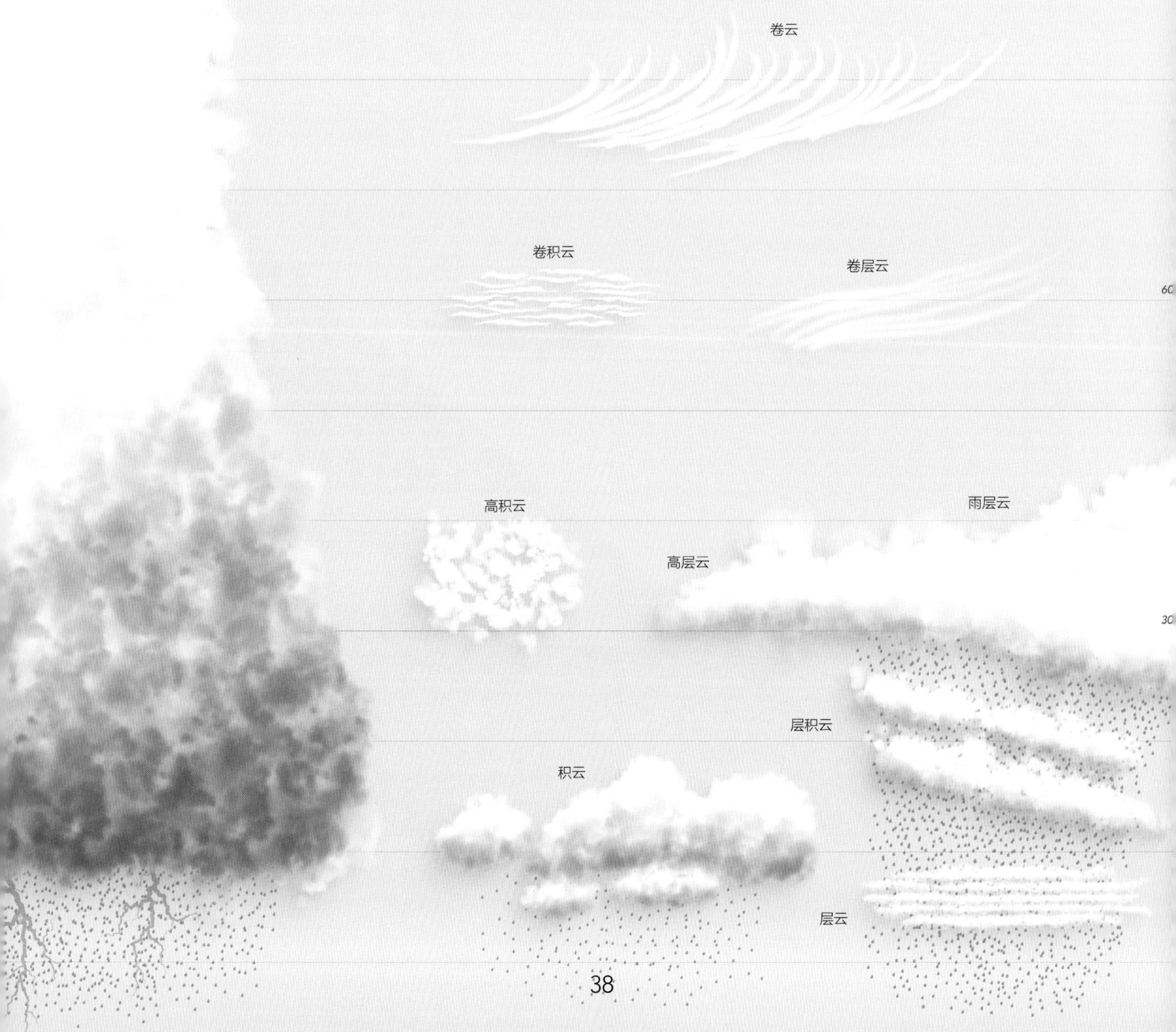

积雨云

卷云

卷积云

卷层云

高积云

雨层云

高层云

层积云

积云

层云

层云

全球定位	任何地方，多雨地区更常见
全天定位	低空（距离地表几百米）
何时观察	下雨时
如何观察	层云很容易辨认，就是它们在低空形成了那些浅灰色的云层

层云属于低空云，由小水滴构成，经常形成降水。它们呈灰色均匀的层状分布，从地表我们能感受到它们形成的雾气的地方开始，一直到距离地表 1 千米处。

它们能够在低层大气降温之后自发形成，或者来自更高云层的降水，比如在距离地表 3 千米处形成厚厚的灰色云层的高层云或者雨层云。高层云和雨层云通常是在大气扰动逼近时由相当质量的空气上升冷凝形成的。

冰岛海面上方的层云

被密史脱拉风推动的晴天积云，马赛加拉班高地上空。（密史脱拉风是法国南部及地中海上干寒而强烈的西北风或北风。——译者注）

积云

全球定位　任何地方

全天定位　低空（距离地表几百米）

何时观察　天气晴朗时

如何观察　它们棉花般的形状很容易辨认

积云以棉花般的形状为特征，通常在好天气形成。地表被太阳辐射加热，形成的上升气流将热空气带到低层大气中。

这股空气中的水蒸气在上升过程中在高处遇冷凝结，形成了小水滴。这样就形成了云。积云很少形成降水，除非它们生长到非常高的高度。

美国怀俄明州，一片积雨云的下半部分

积雨云

全球定位	任何地方，但在热带更加壮观
全天定位	从数千米直到万米高空
何时观察	雷雨天气
如何观察	如果想要看到这种云的全貌，需从远处观察

这种雷雨天的典型云种在夏天尤其常见，它们垂直生长直到万米高空，在热带甚至能达到15千米。

积雨云的形成与强上升气流相关，后者将潮湿的空气带到高空。它们的下半部分像是层层叠叠的积云，而它们的头部直达平流层，呈典型的铁砧状。

典型的积雨云，它们的头部在万米以上高空中开始铺展，形成卷云

它们翻腾的样子表明存在着激烈的垂直大气运动，这也使它们十分活跃，有时一秒就能够上升20米米。

菲律宾上空的层积云

层积云

全球定位	任何地方
全天定位	中等高度（距离地表 500 至 2500 米）
何时观察	天气晴朗时
如何观察	它们在空中典型的形态是棉花般的小云朵组成的云带

层积云是距离地表 500 至 2500 米的云种。它们和层云一样由小水滴构成，是由被一层稳定大气挡住的上升气流形成的。

形成它们的气流在遇到这层稳定空气时具有铺展开来的趋势，从而形成云层，因此得名层积云。这些云有时会有一种即将降雨的威胁感，但它们很少带来降水。

大气扰动到达前马赛上空的高积云块

高积云

全球定位 任何地方

全天定位 中等高度(距离地表3000至4000米)

何时观察 天气晴朗时,但通常在大气扰动到来之前

如何观察 它们使天空布满典型的小球状云朵

高积云通常在距离地表3000到4000米处形成,它形成的大云团使天空具有布满球状云朵的典型特征。

它们的形成通常和因大气扰动逼近或地势凸起而变得不稳定的空气相关,这两个因素导致空气被抬升,使得水蒸气部分冷凝而形成小水滴。

昆斯敦（新西兰）附近山峰上方的荚状云

荚状云

全球定位	任何地方
全天定位	山峰上方
何时观察	天气晴朗，当潮湿的空气越过地势凸起处时
如何观察	应当在地势凸起处上方寻找，但它们相对罕见

荚状云是长扁豆状的高积云，分明的边界让它们看起来像飞碟。

它们常在一团空气跨越地势凸起处时形成，空气抬升时遇冷，水蒸气凝结形成了云。这种云会像"成堆的盘子"一样堆叠起来。

卷积云

卷积云

全球定位　任何地方

全天定位　高空（距离地面 5000 至 10000 米）

何时观察　天气晴好，高处大气不稳定时

如何观察　卷积云不是很容易辨认，但能通过太阳周围出现的光晕确认它们是由冰晶构成的，从而确认它们处于高空

卷积云处于 5000 至 10000 米的高空，由冰晶构成。它们常常形成条带状，并不会完全遮住太阳或月亮，但能够提供在这些天体周围形成晕、华或彩虹般的颜色的条件。

它们有时由来自更低层次的高积云抬升形成，在天空中出现表明了它们所在层次大气的不稳定性。我们也能在高空中的风经过地势凸起处时观察到荚状卷积云。

彩云

全球定位　任何地方，高处更佳

全天定位　太阳附近

何时观察　天气晴好时

如何观察　如果想清楚地看到彩云，需要遮住太阳以防止目眩

　　彩云是通过衍射的太阳光或月光穿过微小的水滴或冰晶组成的薄云而形成的。

　　这里涉及的光学现象和产生华的光学现象相同，但我们只能通过云团看到光华的一部分，这些云团中的水滴或冰晶的大小非常不均匀，这也解释了为什么彩云的颜色多种多样且没有固定结构。实际上，如果光在水滴或冰晶大小均匀的云团中发生衍射，我们就能够看到华典型的环形结构，即使只有一部分。

　　我们能够观察到彩云现象的云种有高积云（由水滴构成，有时也可能由冰晶构成）、卷积云、荚状云和卷云（由冰晶构成）。阳光形成的彩云的色彩比月光形成的彩云更加鲜艳，但太阳耀眼的光芒也使得彩云很难被观察到，因为它们距离光源天体只有几度的距离。理想的情况是太阳被其他更厚的云或者一座山峰遮蔽，再或者一个屋顶就足够了。

地势高处遮住了太阳，使得我们能够更好地观察
到被染色的高空云彩。

智利天空中的薄卷云，摄于拉西亚天文台

卷云

全球定位	任何地方
全天定位	高空（距离地表 6 至 13 千米）
何时观察	大气扰动到达之前
如何观察	这些薄薄的通常呈羽毛状的云彩很容易辨认

卷云是高空云——距地表 6 至 13 千米，由冰晶构成。它们经常出现在大气扰动到来之前，一团潮湿的热空气抬升到较冷的空气上方，它所携带的水蒸气凝结形成小冰晶。

卷云通常在空中形成一层薄纱，几乎不会减弱阳光或月光。我们在太阳或月亮周围观察到的晕通常就是通过卷云形成的。我们也能在积雨云的顶端看到卷云，它们使积雨云铁砧状的头部延展成为羽毛的形状。

飞机的航迹——在万米高空——和卷云形成的高度相同，由飞机发动机排出的气体遇冷凝结形成。当我们看到飞机后面形成航迹云的时候，我们可以得出结论：空气非常干燥，这是好天气的预兆。

卷层云

全球定位	任何地方
全天定位	高空（距离地表6至9千米）
何时观察	天气晴好时，当潮湿的空气上升到足够形成冰晶的高度
如何观察	日出或日落时分，卷层云映出的鲜艳色彩使得我们能够辨认出它们

卷层云主要分布于距离地表6至9千米处，由微小的冰晶构成。它们最常见的形成过程是，一团湿热空气抬升到足够的高度，在低温的作用下，这样的小冰晶就出现了。

这些云形成的云层比卷云更厚，更具有遮蔽性（也可能就是卷云聚合形成的），但仍然相对透明。它们常常在日出前或日落后为天空贡献鲜艳的色彩。它们处于一个足够的高度，使得太阳在升起之前或者晚上落下之后从地平线下也能照亮它们。

卷层云和卷云族其他类型的云一样都是由冰晶构成的，因为它们在大气层中处于一个足够高的高度，温度能够达到零度以下。如果海平面处温度为15摄氏度，高度向上增加的过程中温度其实下降得相当快，通常海拔升高1千米温度降低6摄氏度，变化关系几乎是线性的。因此大约3千米处温度就能降至0摄氏度，这也解释了高山顶上为什么常年积雪。因此所有在这一高度以上的云通常都是由冰晶形成的。

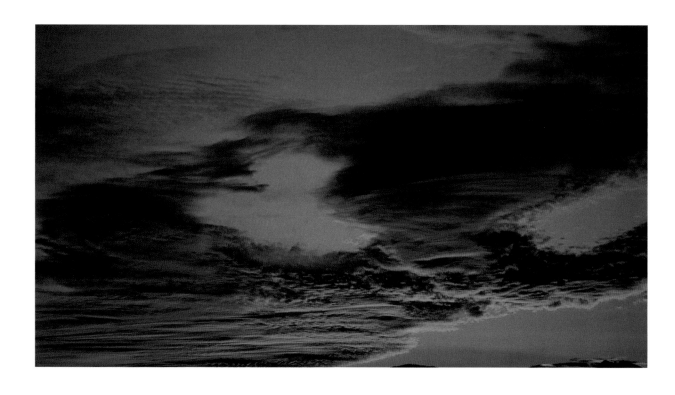

日出时的卷层云

珠母云

全球定位　高纬度地区，极圈之内

全天定位　特别高的高空（距离地面 15 至 25 千米）

何时观察　冬季夜晚

如何观察　看向日落方位，因为这些云在太阳落下之后仍能被照亮很长时间

珠母云形成于平流层，海拔 15 至 25 千米。它们的形状和荚状云或卷云类似，但所处位置高得多。

它们主要形成于冬季南北极附近、气温约零下 80 摄氏度的地方。因此我们最常在极圈以内的高纬度地区见到它们。由于它们的海拔高，它们能在日落后很长时间内被太阳照亮，因此能够被观察到。它们常呈珍珠般的彩色光泽，因此得名。

冰岛北部的珠母云

夜光云

全球定位 中纬度地区

全天定位 大气层与太空交界处（海拔 75 至 90 千米）

何时观察 夏季夜晚

如何观察 应当看向北方，因为这些云在日落后依然被太阳照亮

夜光云自成一类。这些在夜间发光的云形似卷云，但它们和普通的云不同，因为它们形成于大气与太空交界处（海拔 75 至 90 千米），由以来自火山或陨石的尘埃为凝结核的冰晶组成。

这些云尤其在中纬度地区的夏季夜晚可见。它们的高海拔使得它们在夜深时能够被看见，因为它们依然被阳光照亮，即使太阳已经远在观察者所在位置的地平线之下。

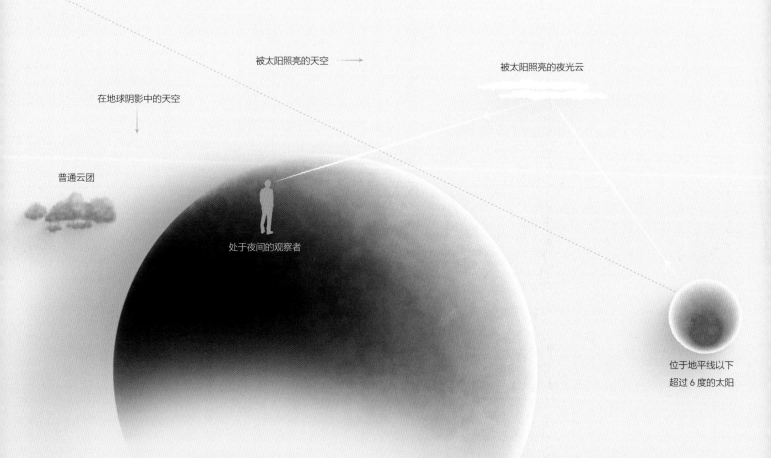

被太阳照亮的天空 ⟶

被太阳照亮的夜光云

在地球阴影中的天空

普通云团

处于夜间的观察者

位于地平线以下超过 6 度的太阳

夜光云在太阳落山相当长时间后依然可见，因为它们的海拔非常高，而这时候普通云层已经处于阴影中很久了。

2019 年 6 月 21 日，巴黎上空的夜光云

宇 航 员 视 角

　　覆盖着我们的星球的云团从太空中
很容易观察到，气象监测卫星每天都在
向我们证明这一点。这些位于地球同步
轨道上的卫星在赤道上方 36000 千米
处。它们跟随着地球的自转，永远位于
地面同一点的上方，因此能够持续监测
同一区域的云团覆盖情况。它们与地球
的距离提供了一个有趣的全面的视角，
可以连续地跟踪云团覆盖状况的变化。
宇航员绕地飞行的轨道离地面要近得多
（国际空间站的轨道高度约维持在 400
千米），但仍然是飞机高度的 40 倍。因
此他们观察地球云团的视角介于这两者
之间，既能看到细节又保持了视角的全
面性，能够看到大云团的全貌，比方说
龙卷风。

"弗洛伦斯"飓风，欧空局宇航员亚历山大·格斯特
摄于 400 千米高空的国际空间站，
2018 年 9 月 12 日。

"弗洛伦斯"飓风的风暴眼，欧空局宇航员亚历山大·格斯特
摄于 2018 年 9 月 12 日

1994 年 9 月发现号航天飞机宇航员拍摄的照片，摄于太平洋上方 240 千米

我们可以看到一系列的风暴单元，其中发展最猛烈的积雨云有着典型的铁砧状的头部，其最高点位于海平面以上 15 千米左右。

积雨云，国际空间站宇航员 2008 年 2 月 5 日摄于非洲上方
热带地区这些云能够抬升到 20 多千米的高空，它们铁砧状的头部在这里也扩展到了异于寻常的比例。

"使我震撼的，是我们的星球的美，尤其是海洋的蓝和云团变化的白。"

——杰夫·威廉姆斯，美国国家航空航天局宇航员

北海图像，由欧洲卫星 ENVISAT 摄于 2009 年 3 月 2 日，在轨运行高度 800 千米
我们能够看到空中交通引起的许多笔直的航迹云。发动机喷出的气体冷凝成小冰晶形成了这些人造的卷云，叠加在覆盖图片左上角的天然卷云的薄层之上。海洋中浅绿色的区域是沉积物造成的，其中泰晤士河的贡献尤其突出，我们可以在图片左下角看到它的入海口。

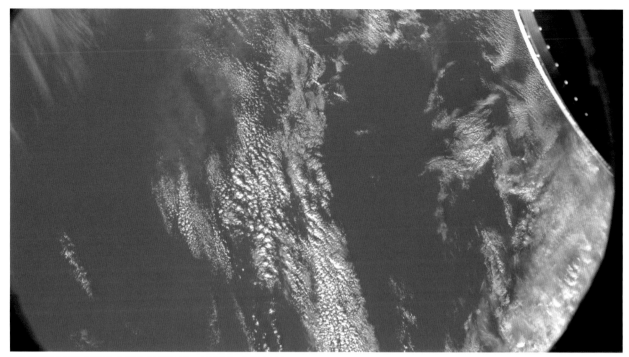

通过国际空间站圆顶中央舷窗拍摄的云，2010年2月18日
我们可以看到卷云（左上角）、卷积云（中心）和卷层云（右上角）。

其他行星的云

未来踏足火星的宇航员们将能够看到火星天空中的云，它们已经多次被自动探测器拍摄记录。这些云主要由水冰晶构成，和地球上的卷云类似，但它们中的一些也含有干冰晶体（即固态二氧化碳。——译者注），尤其是在极地附近。

未来探访太阳系其他行星的宇航员们也能够看到金星周围的云层，还有在气态行星——木星、土星、天王星和海王星——上的云层。

**火星上的云，1998年6月4日由探测器
"火星全球勘探者号"拍摄**
*平行线条的图样令人联想到地球上当风
经过地势凸起处时产生的结构。*

龙卷风

全球定位	雷雨形成的任何地方，但在美国中部大平原地区以及热带地区更为常见
全天定位	雷雨云底部
何时观察	当积雨云下方的空气高速旋转形成漏斗状并接触到地面时
如何观察	有预报龙卷风的网站，但考虑到这一现象的危险性，最好保持距离

龙卷风是雷雨积雨云下方形成的狂风旋涡，它将积雨云和地面或海面连接起来。它是积雨云底部的漏斗形的赘生物，半径能够达到几十米。

如果接触到地面，龙卷风可能会造成巨大的破坏，因为它的风速可能超过 300 千米／时。它也因为卷起的各种东西而变得十分抢眼——灰尘、植被，甚至在极端情况下还有屋顶和车辆。一个持续几分钟至一小时的龙卷风能够行进几十千米，身后遍地废墟。龙卷风根据风速分为六个等级，但在法国很少能达到风速 320 千米／时的最高级别。20 世纪只有一次记录：1967 年 6 月 24 日，一个直径 250 米的龙卷风在帕吕埃尔（加莱海峡省）行进了 25 千米，致 6 人死亡并造成重大破坏。

一种致命的现象

如果说这种现象在法国境内相对罕见，那么它在美国中部大平原地区就可以说是比较常见了，并且更加壮观而具有破坏性。一些追求刺激的爱好者甚至专门追逐龙卷风，并且为了拍摄近距离照片而冒着生命危险接近它。

龙卷风横扫居民区时最为致命。美国有记录的最致命的龙卷风在 1925 年 3 月 18 日造成了 695 人死亡，它穿过了密苏里州、伊利诺伊州和印第安纳州。但这一令人悲伤的纪录在孟加拉国被刷新，1989 年 4 月 26 日的一场龙卷风导致了约 1300 人死亡。

内布拉斯加州的龙卷风，2011 年 6 月 20 日

"我严格遵守很多专门为龙卷风创立的网站的建议。我拿了一个坚固的盒子，'看起来能够承受在极高的高空飞行几分钟并且惨烈着陆'的那种，里面堆放着我们的护照，我把它放在了衣柜里。要是有人问我为什么准备这个盒子，那是因为政府针对旅居国外的人的网页上说这是明智之举。第一，当我们家只剩下花园里的一堆木板时，这个盒子会帮到我们；第二，如果邻居们都不在了，别人能知道谁曾经住在那里。"

——索菲·奥泽罗，旅居得克萨斯州的法国人

宇 航 员 视 角

龙卷风无法从太空看到，原因很简单——它藏在雷雨云的下面。但在云团消散后，它留下的痕迹清晰可见。

长 63 千米、宽近 1 千米的遗迹，展现出一次致 4 人死亡、数十人受伤的龙卷风造成的破坏，马萨诸塞州，2011 年 6 月 1 日

照片由 Landsat-5 号卫星摄于 2011 年 6 月 5 日，轨道高度 705 千米。

堪萨斯（美国）的龙卷风

雷　电

全球定位	雷雨形成的任何地方
全天定位	雷雨云内部以及雷雨云和地面之间
何时观察	当积雨云被上升气流充满时
如何观察	白天清晰可见，晚上更加壮观

雷雨最壮观的表现形式毫无疑问就是雷电。这是当云层内部电荷累积数量巨大时产生的静电放电现象。

这些电荷的出现主要是由于积雨云内部强上升气流的摩擦。云团内不同区域、云和云之间或者云和地面之间的电势差能够达到几百万伏特，产生的雷电表现为一道明亮的闪电以及随之而来的一声雷鸣。

雷雨远吗？

声音在空气中传播的速度大约是 340 米 / 秒，大约每 3 秒前进 1 千米多一点。我们只要从看到闪电的时候开始数秒直到我们听见雷声，将秒数除以 3 就能得到雷电发生的地点和我们之间的距离。

如果我们发现闪电和雷声的时间差逐渐缩短，从而判定雷雨正在接近，我们就完全有必要将家里脆弱的电器断电，尤其是所有的电子设备。

墨尔本（澳大利亚）上空的雷电

同一片雷雨云内部的放电现象。

雷电放电（意大利，的里雅斯特）

放电现象也能在云层和海面之间发生。

拜伦湾（澳大利亚）的秋季雷雨

"'从那时候起一直跟踪我健康状态的医生很确定：在他看来，闪电穿过了我两次。它首先从我的头部穿入，通过我的包的拉链穿出。然后它又重新从髋部进入，最后从脚底穿出。'这是众多亲历者中的一位的口述。难以置信。乔瑟琳·夏佩尔，一位住在巴卡拉附近克里维利耶城的退休老人，翻出了她的徒步鞋，鞋垫上有着针尖大小的穿孔。她一直留着它们，因为'说不定什么时候能用上'。她的袜子呢？被火花穿透了，'尤其是左边那只'。那双袜子事后第二天就被扔了。当这些亲历者的鞋子被脱下时，'他们中有些人的脚还冒着烟'，一位目击者说道。"

——摘自《东部共和报》，2020 年 10 月 7 日

被闪电照亮的雷雨云，2011 年 1 月 9 日
一位宇航员摄于位于玻利维亚上空的国际空间站
右下角的亮光来源于城市中的灯光。

宇 航 员 视 角

从太空观察的雷暴在夜间尤其壮观，因为一场强雷暴的持续过程中，在绕地轨道几乎一直能够看到被照亮的云，有时候还很多。国际空间站的宇航员们拍摄了壮观的视频，我们能在其中看到雷电的闪光分布在一条线上。

被闪电照亮的雷暴，摄于位于南非上空的国际空间站
欧空局宇航员蒂姆·皮克拍摄了夜间被闪电点亮的雷暴形成的白色光斑。黄色的小光斑是城市灯光的光晕。

其他行星的雷暴

　　未来去探索太阳系其他行星的宇航员，可能在木星和土星上看到闪电。美国国家航空航天局的空间探测器朱诺（Juno）和卡西尼（Cassini）已经分别在木星和土星的大气层中探测到了。

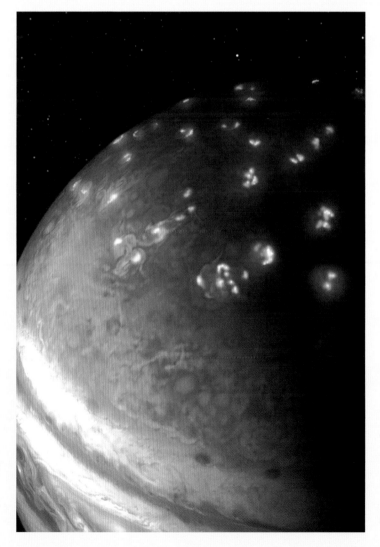

木星想象图
这张想象图以探测器朱诺拍摄的真实木星照片为基础，展示了北半球的大量闪电。这一探测器（自2016年开始绕木星旋转）得到的数据显示，在这颗行星上，大部分的雷电活动集中在极地附近。

红色精灵

有一种十分特殊的闪光，其观测记录经常受到质疑，因为这一现象极其短暂，并不容易拍摄到：这种现象叫作 sprites（英语中的精灵），人们也称之为红色精灵。

这种现象的术语叫作短暂发光现象。这些闪光发生在高层大气（高度为 50 到 100 千米），在雷暴之上，持续时间通常在几毫秒到一秒。这种短暂性也解释了为什么直到 1989 年人们才终于确定拍摄到了这种现象。照相设备，尤其是高清录像模式的发展，使得这种现象开始经常被拍摄到。然而这种放电现象的具体原因依然很难解释，至今还是研究的课题。法国国家科学研究中心（CNRS）的一位科研人员拍摄了这一现象，在拍摄留尼汪岛上的一次雷暴时，一束蓝色的闪光出现在积雨云上方直至三四十千米的高空。红色精灵就出现在这道闪光的顶端，但还要高得多，它呈现出这一现象典型的分叉状。

雷暴临近时的巨大光束，留尼汪岛，2010 年 3 月
关于光束结构和动力学的研究。大气研究实验室。不同高度处闪光的不同颜色来源于参与放电过程的微观粒子的不同能量。

宇航员视角

飞行员常常报告说看到了云层之上这些极其短暂的闪电，但从未拍到任何照片或视频。而国际空间站的宇航员则有幸能够观察并且拍摄到它们。

"精灵在肉眼看来通常是一些灰色的、黯淡的一闪而过的结构，需要刻意寻找才能看到。我在确认照片之前都不能肯定是否看到了它。"

——斯特凡·胡梅尔，天文学家，得克萨斯州麦克唐纳尔天文台

典型的红色精灵在雷暴（蓝色闪光）之上的地平线上，2015 年 8 月 10 日一名宇航员摄于国际空间站
我们能看到这一现象发生在大气层边界，灰绿色的界线在地球圆面之上清晰可见。月亮在右上方，下方是达拉斯城的灯光。左侧其他的蓝色光斑是雷暴。

粉尘和烟雾

全球定位	任何地方
全天定位	沙砾或粉尘覆盖的地表之上
何时观察	夏天多见，有上升热气流时
如何观察	需要好运气，这一现象比较罕见且不可预测

粉尘或沙砾的旋涡，形成于天气晴好、有干燥空气快速旋转上升并带起粉尘或沙砾时。有时也能看到灰烬形成的旋涡，比如在常常被火灾困扰的法国南部。

粉尘旋涡的直径很少超过一米，持续时间也只有分钟级别。因此这一现象的破坏力比龙卷风小得多，且在法国相对罕见。和龙卷风不同的是，它们与雷暴无关，且通常在天气晴好时形成。在英文中它们被称为 dust devil（意为灰尘魔鬼，又称尘卷风）。我们能在任何地方看到它们，尤其是夏天。

沙砾旋涡，机遇号探测器 2016 年 3 月 31 日摄于火星

粉尘旋涡（埃塞俄比亚）
这条摄于 2017 年的粉尘旋涡，从头至尾都显示出难得一见的清晰的圆柱形结构。

宇 航 员 视 角

　　处于绕飞轨道的宇航员因为距离太远而无法看到地面的这些粉尘旋涡。但未来登陆火星的宇航员将有很大机率欣赏到沙砾旋涡，因为我们送去的自动探测器已经拍到过很多次了。我们甚至注意到了这一现象的好处：这一现象能够定期清理勇气号和机遇号火星探测器的太阳能帆板，去除上面逐渐积累而影响其工作效率的灰尘。火星的大气非常稀薄，其密度不到地球大气的百分之一，但那里能产生足够大的局部温差，形成上升气流，从而产生旋涡，吸起沙尘。

沙尘暴

全球定位	沙漠地区
全天定位	地面以上
何时观察	当有足够强的风带起大量沙砾时
如何观察	可以参考预报网站

　　沙尘暴常见于沙漠地区，当有大风带起大量沙砾时出现。我们常在撒哈拉、阿拉伯半岛或者戈壁沙漠，甚至中国和美国内部的沙漠见到。

　　根据发生的地区和地面的性质，比如在美国中部平原，人们更倾向于称它为尘暴。形成机制依然相同，粉尘和最细的沙砾的直径甚至不到一毫米的百分之一，因此在干燥地区很容易被大风卷起。

跨越长距离

　　沙尘暴能够达到数千米宽，并横扫几千千米。此外，撒哈拉的沙砾经常在几天之内飞越大西洋到达南美洲。同样，法国南部也常常受到来自撒哈拉的沙尘影响：这种现象在地中海和欧洲之间形成南风流时发生。带来沙尘的气流通常还伴随着局部阵雨，弄脏汽车的挡风玻璃和车身，在地面留下橙色的痕迹，在工厂、阳台或者露台的地面上清晰可见，人行道上也是。有些年份甚至还有连续的大风，把数量可观的来自撒哈拉的沙砾一路带到阿尔卑斯山上。橙黄色的沙子加速了积雪的融化，因为沙砾吸收太阳辐射的能力比积雪强得多。纯洁无瑕的白色积雪反射了大部分光线，而沙砾的存在使它们被加热的速度比往常快得多。

哈布沙暴，位于马里的洪博里
非洲季风多学科分析计划（AMMA），空间生物圈研究中心，大气气象学团组。

© 弗朗索瓦丝·吉夏尔 / 劳伦·凯尔戈阿 / 法国国家科学研究中心（CNRS）照片资料室

欧洲环境卫星（ENVISAT）摄于 2008 年 3 月 29 日的图像
这是一场位于大西洋上空的沙尘暴。它始发于撒哈拉沙漠，途经毛里塔尼亚（上部）、塞内加尔（中部）和几内亚比绍（底部）。在图片的左边缘可以看到被云团覆盖的佛得角群岛。

宇航员视角

  从太空观测沙尘暴使得我们能够测量它走过的超长距离和覆盖的全部范围，同时也能跟踪它的演化发展。地球监测卫星使得这一观测得以实现，比如2002至2012年在轨的欧洲环境卫星（ENVISAT）和它的继任者 Sentinel系列卫星。这些卫星位于距离地面800千米的太阳同步轨道，也就是说，它们总是在每天同一时间经过同一地点的上方，这有利于图像的对比，因为它们都是以同一角度在相同的光照条件下拍摄到的。

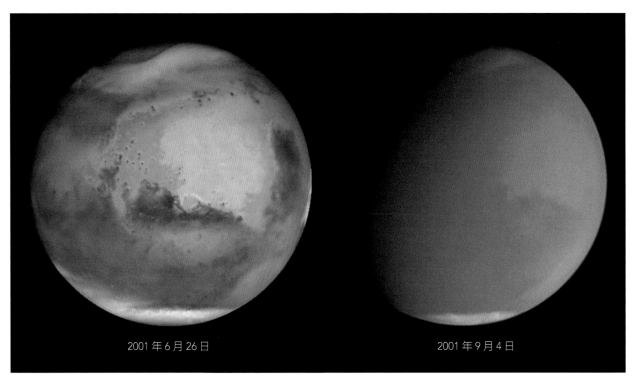

2001 年 6 月 26 日   2001 年 9 月 4 日

火星上的沙尘暴

这两张图片由空间望远镜拍摄，火星在一场巨大的沙尘暴后整个星球都被悬浮在大气中的沙砾覆盖！

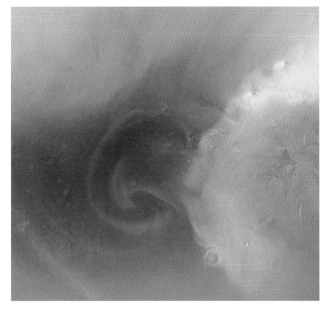

地球和火星上的沙尘暴

左图由地球监测卫星摄于 2000 年 2 月 26 日，展示了一场沙尘暴从撒哈拉沙漠出发，经过加那利群岛，在大西洋上空绵延 2000 千米；我们能够在图的右上角看到伊比利亚半岛的一部分，右下角是非洲。

右图由美国国家航空航天局的探测器"火星全球勘探者号"（MGS）摄于 2000 年 8 月 29 日：一场沙尘暴裹挟着来自火星北极冠的沙砾（白色的区域被固态的二氧化碳覆盖，它们受热升华产生了风）。火星的沙尘暴绵延 1000 千米。

这两场风暴的形态十分相似，尽管火星的大气密度比地球低得多并且两者风的来源也不相同。

火山爆发

全球定位　有活火山的任何地方。注意，距离法国本土最近的在意大利（埃特纳火山和斯特龙博利火山）

全天定位　火山上方

何时观察　火山苏醒时

如何观察　可查阅全球火山爆发地图

火山爆发是地球大气中烟尘和各种气体的重要来源。来自火山的灰烟云可以延伸到数千千米之外，火山灰能够造成飞机发动机的严重损坏。

空中交通的危险

火山灰倾向于在高度约 10 千米的大气中蔓延，这也是飞机正常的巡航高度，因此在冰岛和印度尼西亚等受影响地区常常出现空中交通禁令。2010 年冰岛艾雅法拉火山爆发甚至扰乱了整个欧洲的空中交通，因为很多北美和欧洲之间的航线会经过冰岛附近；很多飞机出于安全原因被困在地面。火山灰非常细小，飞行员可能在丝毫未觉的情况下穿过火山灰云，火山灰小颗粒可能就这样长时间累积最后堵塞飞机发动机。

扰乱气候的因素

火山的爆发会影响气候，菲律宾的皮纳图博火山印证了这一点。这座活火山在 1991 年 6 月 12 至 15 日经历了一次大爆发，向大气中喷射的火山灰数量相当于 1883 年喀拉喀托火山爆发以来的总和。那之后的几个月，火山爆发形成的气溶胶在全球形成了一层硫酸雾，臭氧层空洞扩大，全球气温大约下降了 0.5 摄氏度。然而这次火山活动也有令人喜悦的一面，就是会形成色彩鲜艳的日落景象。因为有大量细小的颗粒悬浮在高层大气中，影响范围甚至远至欧洲。

夏威夷的火山灰和日落

这次日落的色彩格外鲜艳，正是由于 1991 年皮纳图博火山的火山灰对光线的散射作用。火山爆发的地点远在数千千米之外。

拉包尔火山爆发（巴布亚新几内亚）
1994 年 9 月 19 日，由发现号航天飞机团队拍摄
火山灰云在大气中上升到了 18 千米以上，致受影响地区约五万人疏散。拉包尔市在这次喷发中被摧毁和遗弃。高层大气的主导风把火山灰云铺展开几百千米。在喷发柱底端，火山灰被低处的风铺展开，给地面覆上了一层黄褐色。

菲律宾皮纳图博火山爆发，1991 年 6 月 12 日
喷发柱高达 19 千米。
这是一系列强力喷发中的第一次，喷发在 6 月 15 日达到峰值，向大气中喷射的灰尘和气体的量大于 20 世纪其他任何一次火山爆发。

拉包尔火山爆发（巴布亚新几内亚），2008 年 11 月 10 日
与从太空中拍摄的同一火山的照片对照，那次喷发发生于 1994 年，与图中这次类似，但要强烈得多。

宇 航 员 视 角

对于地面上的观察者来说，火山爆发过程中最壮观的无疑是炽热的岩浆的喷射、散落和顺着山坡流淌的场景。绕地飞行的宇航员则由于距离太远而难以观察到这一景象，即使是晚上也不例外，只有配备了红外相机的地球监测卫星能捕捉到详细的画面。但是宇航员们所处的高度使得他们能够很好地看到从火山口逸出的火山灰烟云，尤其是观察它们铺展开几百甚至几千千米的过程。

土卫二表面的冰喷流
美国国家航空航天局的卡西尼探测器拍下了土星的一颗卫星（土卫二）表面的冰喷流，
2015 年 10 月 28 日。

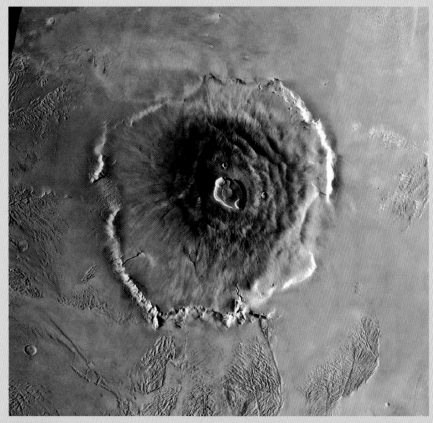

奥林帕斯山
奥林帕斯山是火星最高的火山，维京 1 号探测器摄于 1978 年。

火星上的火山

火星上主要的火山在这张图上可见：埃斯克雷尔山、帕弗尼斯山、阿尔西亚山，还有奥林帕斯山的一部分，位于图片右侧边缘。

火星上的火山

地球并不是太阳系中唯一有火山的行星，在金星、火星上，以及木星和土星的一些卫星上都有火山。火星上的火山多次被探测器拍摄到，但它们已经沉寂多年，上一次爆发可追溯到1亿年之前。这些爆发应该相当壮观，因为火星上最大的火山——奥林帕斯山——高度约25千米，直径约650千米，它能覆盖相当于整个法国的面积。

土卫二上的沟渠

土星的卫星之一土卫二，因为十分靠近太阳系的第二大行星而受到可观的引潮力。土卫二的表面有着一些很深的裂痕，被称为虎皮条纹，它们很可能是土星的潮汐作用形成的地面裂痕。

从这些裂缝中逸出了壮观的水和冰晶的喷流，能够达到距离土卫二表面几百千米的高度。这是一种特殊的火山爆发现象，因其出现于低温环境（土卫二的表面温度为零下200摄氏度左右）而被称为冰火山。潮汐作用带来的能量也许也能解释土卫二冰面之下液态水的存在；这些水从断层中逸出，到达表面，形成喷流，就像巨大的喷泉，被卡西尼探测器捕捉到了。

木卫一上的火山爆发

这张由美国国家航空航天局的伽利略探测器拍摄于 1997 年的照片，展示了木星的主要卫星之一木卫一上的两处火山爆发。一朵蓝色的火山云在这颗小星球的上半边界上清晰可见，它达到了 140 千米的高度。第二朵火山云比较难以辨认，因为它是以俯视视角被拍到的，在图像下边缘（晨昏边界）不远处。它从明显的圆环形中央一处裂缝中逸出，在环形的下部形成了淡红色的阴影。在这个圆环内部我们也能看到近期岩浆流淌的痕迹，描绘出一个小小的黑色卷形。这座被命名为普罗米修斯的火山，从探测器发现它至今已经持续活跃了 40 年。

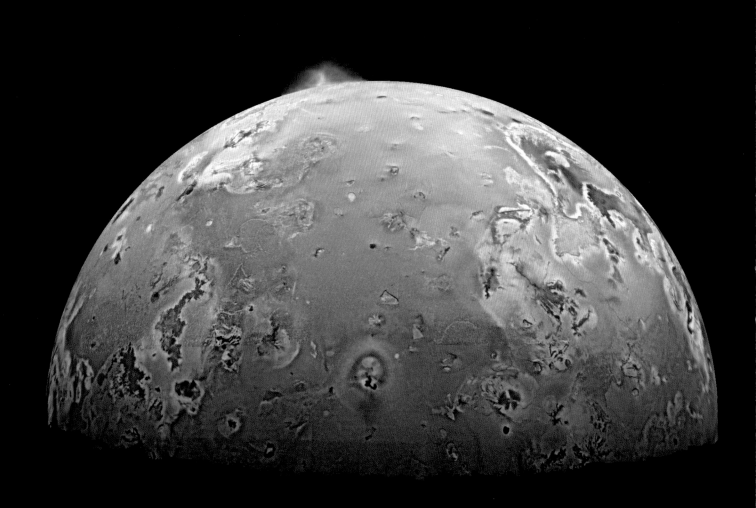

木卫一上的火山爆发

木卫一上的火山

　　太阳系中火山系统最活跃的天体无疑是木卫一这颗小星球，它是木星的一颗卫星，勉强比月球大一点。我们在那儿数出了上百座火山，其中十来座处于活跃期，它们的喷发能够形成高达 300 千米的物质喷射（主要是硫化物）。不断涌出的硫化物赋予了木卫一壮丽的橙黄色，这在太阳系是独一无二的景色。这颗小星球与巨行星木星的距离非常近，它密集的火山活动便源于潮汐力的作用。它与木星的距离几乎跟地月距离相同，而木星的质量是地球的 300 倍，因此木卫一受到极大的潮汐力。这些力作用于它的表面壳层，在它绕转木星的过程中表面壳层变形达到 100 米左右而在各处出现裂缝，从而使气体和因为木卫一长期受到变形摩擦、岩石熔化形成的岩浆得以逸出。

伽利略探测器拍摄的木卫一表面逸出的岩浆

这张图像由麦哲伦探测器穿过覆盖金星的大气层时的雷达探测数据重建而成。萨帕斯山位于图像中心。背景中地平线上的大火山是玛阿特山，比周边的熔岩平原高出 5 千米。图片的颜色模拟基于 1982 年登陆金星的苏联探测器金星 13 号和 14 号拍摄的彩色图像。

金星上的火山

　　未来造访太阳系的宇航员将面临去哪个行星看火山的困难选择。去金星看火山确实比较困难，毕竟要考虑到它表面的热量（450 摄氏度左右）和厚厚的、充满硫酸、永远包裹着整个星球的云层。然而通过探测器我们得知它的表面有活火山。

森林火灾

全球定位	气候干旱地区（如美国加利福尼亚州、澳大利亚、法国南部）
全天定位	起火植被的上方
何时观察	当夏季植被干燥、风助长火焰时
如何观察	保持距离，并且在上风向观测，避免烟熏

森林火灾是大气中烟尘的重要来源之一。不论是自然还是人为，这些发生在地表的火灾有时规模巨大，可能影响到全球气候。

森林火灾会造成尘埃的排放，减弱太阳辐射，更重要的是燃烧产生的二氧化碳气体会加重温室效应。在近几年发生的重大火灾中，2018 年肆虐加州的那几场，先是 7 至 8 月再是 11 月，烧毁了将近 8000 平方千米的土地，致 103 人死亡（其中有 6 名消防员）。2019 年 1 月至 10 月亚马孙地区的森林火灾，受灾面积达 9000 平方千米，造成了 2 人死亡。最后，澳大利亚巨大的森林火灾从 2019 年 9 月一直持续到 2020 年 3 月，烧毁了近 20 万平方千米的森林、5900 余座建筑（其中约 2800 座为住宅楼），至少造成了 34 人死亡。据估计有 10 亿只动物丧生，有些物种濒临灭绝。烟尘在南太平洋上空行进了 11000 千米，直达智利和阿根廷。据推算，这次火灾排放了 3 亿吨二氧化碳气体。

这些火灾通常有大风助燃，这使得它们不受控制，灰云拖曳距离很长，热空气又将它们带到大气中相当高的位置，有时甚至能达到与火山灰云相当的高度。

森林火灾（马赛）
森林火灾的灰云过滤太阳光线的方式与水滴或冰晶形成的普通云层不同。太阳的圆面透过这场 2016 年 8 月 10 日威胁着马赛市的火灾的烟尘，露出一圈橙红色的微光。

卡通巴附近失控的火灾（澳大利亚，蓝山山脉）
2019 年 12 月

宇 航 员 视 角

　　绕地飞行的宇航员处在观察森林火灾演化的有利位置，尤其便于观察灰云的行进过程。地球监测卫星即使在夜晚也能够持续监测火灾情况，这得益于它们对红外线敏感、能够捕捉到所有热源的探测器。它们为难以到达的地区的地面消防人员提供了宝贵的帮助。

澳大利亚东南沿海的火灾，由美国国家航空航天局 Terra（拉丁语中的"地球"。——译者注）卫星摄于 2019 年 11 月 13 日
卫星检测到的热源被标记为红色，以帮助在图片上定位火灾源地。卫星的观测使得我们能够跟踪灰云在太平洋上空的动向，直至它们
十多天后到达南美洲。

"在队员之间的交谈中，我们意识到我们中从没有人见过规模如此令人恐惧的
火灾。"

——卢卡·帕尔米塔诺，2020 年澳大利亚火灾期间在轨的欧空局宇航员

澳大利亚的森林火灾
2020 年 1 月 12 日，在国际空间站的欧空局宇航员卢卡·帕尔
米塔诺拍摄了这张森林火灾的照片，位置是西澳大利亚州邓
达斯自然保护区附近。

污染

全球定位	有大量人类活动的任何地方
全天定位	城市、工业区或农业区上方
何时观察	无风时
如何观察	比如能看到城市全景的制高点

污染形成的云团，不论是与机动车排放、住宅供暖还是工业农业排放相关，主要由气体和微小颗粒物构成，其中微小颗粒物的尺寸仅约为几毫米的千分之一。

污染气体主要由燃烧产生，其中包含氮和碳的氧化物，如二氧化碳（温室效应的罪魁祸首）以及二氧化硫。在阳光的作用下，污染气体之间的复杂反应能够产生臭氧——这是一种强氧化剂，在平流层中有过滤阳光中的紫外线的作用，但在地表是有毒气体，可能引起严重的呼吸紊乱。所有这些气体都是无色的，城镇上空的污染云只能通过悬浮在其中的固体小颗粒被看见，没有风吹散它们或者雨使它们沉降到地面时尤其明显。

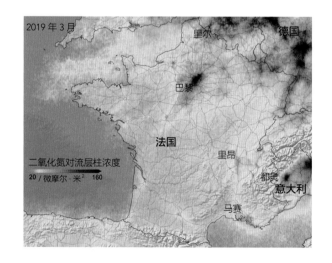

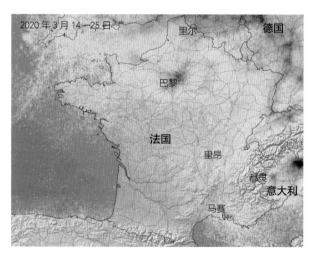

二氧化氮水平

2020年新冠疫情造成的全民隔离使得二氧化氮污染水平显著下降，图中展示的分别是2019年3月和2020年3月的二氧化氮密度分布情况。数据由轨道高度800千米的欧洲卫星"哨兵5号"（Sentinel-5P）测量得到。这颗发射于2017年10月13日的卫星配备了光谱仪，能够测量大气层中臭氧、甲烷、甲醛、气溶胶、一氧化碳、二氧化氮和二氧化硫的含量。

日出时分从直升机上看巴黎
图片中央，圣心大教堂从污染云中浮现。

宇航员视角

　　宇航员很难从太空中辨别污染云和由水滴或冰晶组成的普通云。污染云中的微小颗粒物有利于水蒸气的凝结，从而在城镇上方形成一种厚厚的雾气。英文为 smog，结合了 smoke（烟）和 fog（雾）。然而它们的颜色能够帮助宇航员辨认，因为污染云对阳光的反射能力较弱，看起来不那么白。

　　宇航员的肉眼并不能捕捉到污染气体，但地球监测卫星能够持续地监测它们在大气中的浓度。在所有被监测的气体中，我们尤其关心由汽车尾气中的一氧化氮氧化形成的二氧化氮。我们之所以在众多污染物中特别关注二氧化氮，是因为它是酸雨的来源，并且会造成土壤中硝酸盐含量的增加；它也会参与臭氧的形成，这是影响健康的一大因素，因为臭氧会刺激到支气管。

极　光

全球定位	地球磁极附近（北半球的美国阿拉斯加、加拿大、格陵兰岛、冰岛、挪威、瑞典、芬兰和俄罗斯西伯利亚，南半球的南极洲）
全天定位	高度 100 千米左右
何时观察	太阳向地球发出大量带电粒子时
如何观察	可查阅极光实时预报网站

极光（北极称北极光，南极称南极光）来源于高层大气的光电现象，高度在 80 至 200 千米之间。

太阳一直在向外发射带电粒子，主要是质子和电子，它们被地磁场吸引到地极附近，就像小铁屑被吸引到磁铁两极一样。这些带电粒子形成了我们所说的太阳风，以非常快的速度（400 千米 / 时）穿入高层大气，激发稀薄的大气，使它们产生光电现象。天空中由此便出现了巨大的帷幔，由绿色主导，夹杂着细微的紫色，有时甚至有红色。

变化的色彩

极光现象因为它不断变化的形状和色彩而显得更加壮观。在高层大气中，氧气分子被离解成氧原子，产生了主导的绿色光芒，高度在 100 至 150 千米之间，偶尔还会有红色光芒。后者主要在 200 千米高度可见，因为它只能产生于特别稀薄的大气中，但它十分罕见，只有太阳活动十分活跃时才能观察到。

氮气分子要稳定得多，所以它比氧气更少参与极光颜色的形成；但当它被强太阳耀斑电离时，能够形成紫色、蓝色和红色光芒。它所产生的色光可以在 100 千米以下几乎没有氧原子的地方占主导地位（这也解释了为什么绿色帷幔在这一高度截断）。

极光的形成

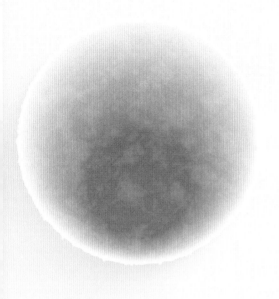

太阳耀斑

太阳风

地球磁场

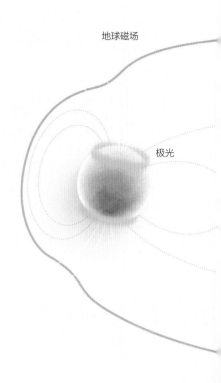

极光

在极圈内观察

极光产生的区域是以地磁极为中心的一个极大的圆弧。在北半球，地磁极位于格陵兰岛以北，极光弧绕着它铺开数千千米。因此观察极光的最佳地点就是冰岛、挪威和瑞典北部、芬兰、俄罗斯西伯利亚北部、阿拉斯加和加拿大北部。

观察时段

一年之中并没有特别适合观察极光的时段，因为这一现象的强弱主要取决于太阳活动。但是如果想要观看北极光，就需要去北极圈内的区域。夏季北极圈内几乎没有夜晚，因此冬季前往更佳；而且最好选择新月时期，以获得尽可能黑暗的夜空。感兴趣的旅客尤其要关注天气统计数据，来选择一年中晴夜可能性最大的地区和时段。到达目的地后，只要经常查看极光预报的网站就可以了。

利于极光产生的太阳活动

极光在太阳抛射大量带电粒子的时期更加常见且更加壮观，尤其是太阳耀斑每 11 年到达高峰期时（太阳磁场活动具有周期性）。上一次高峰期是在 2014 年，目前太阳相当平静，下一次高峰期则在 2025 年。当太阳活动频繁时，极光环会增大至纬度更低的地区。这时候在法国本土也可能观察到极光，但这种情况依然十分特殊，并且很难看到壮观的景象，因为当我们向北方看去的时候，只能看到极光上部的红色的部分。1859 年，在一次极强的太阳耀斑爆发之后，人们甚至在热带地区加勒比海都能见到北极光。

冰岛的北极光，黑沙滩附近，2014 年 3 月
高度 100 千米以上的氧分子电离产生的氧原子产生了这样的绿色光芒，这也解释了极光帷幔下端清晰的
边界的成因。

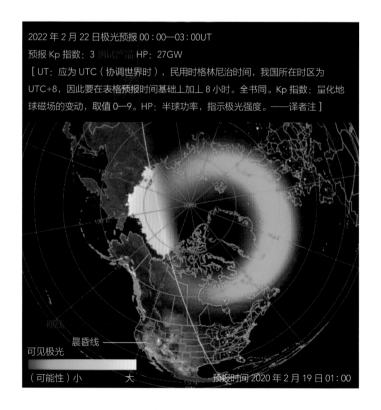

2022 年 2 月 22 日极光预报 00：00—03：00UT

预报 Kp 指数：3 测试产品 HP：27GW

[UT：应为 UTC（协调世界时），民用时格林尼治时间，我国所在时区为
UTC+8，因此要在表格预报时间基础上加上 8 小时。全书同。Kp 指数：量化地
球磁场的变动，取值 0—9。HP：半球功率，指示极光强度。——译者注]

弧线

晨昏线

可见极光

（可能性）小 　　大　　　　　　　预报时间 2020 年 2 月 19 日 01：00

北极光预报展示了极光弧环绕着地球磁极
类似的极光弧也能在南半球南极洲上空观察到。

挪威的北极光

2011 年冰河湖（冰岛）上空的北极光

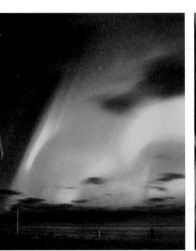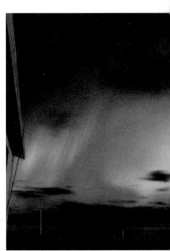

间隔 30 秒拍摄的 4 张照片，展示了北极光的快速变化过程，摄于冰岛赫本附近，2014 年 2 月。

未来探索太阳系其他行星的宇航员们将能看到木星和土星的极光。和地球一样，这些行星也拥有磁场，引导着太阳风中带电粒子的运动，从而在两极周围形成极光弧。木星的磁场比地球的强 20 倍，土星的磁场则比地球的弱一些。哈勃空间望远镜借助它的紫外观测设备捕捉到了这两个巨行星两极周围的极光弧。

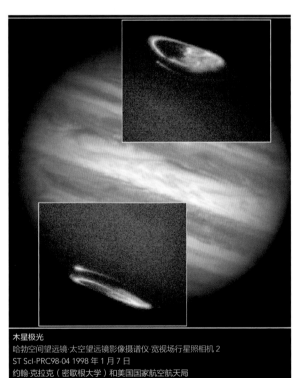

木星极光
哈勃空间望远镜·太空望远镜影像摄谱仪·宽视场行星照相机 2
ST ScI-PRC98-04 1998 年 1 月 7 日
约翰·克拉克（密歇根大学）和美国国家航空航天局

哈勃望远镜观测到的紫外波段木星和土星极光

加拿大北部的北极光，欧空局宇航员提姆·皮克
摄于 2016 年 1 月 20 日
我们可以清晰地看到红色部分由约 200 千米处的氧气产生，
高度比位于 100 至 150 千米的绿色部分高。

太阳天气预报

天文卫星对于太阳的观测能够监测太阳活动，并能在可能产生极光的带电粒子流刚从太阳表面发出时就发现它们。考虑到太阳风的速度和它与我们之间的距离，大量的粒子抛射在它们到达地球大气层并被点亮的之前两天可被探测到。这些预报非常精确，甚至可以预报极光的强度；这些预测总体而言比天气预报更为可靠。我们将这种对日地关系的研究称为空间天气学。

对这种特殊的天气的认知有它的经济学意义，因为太阳发射的粒子流带来的并不只有美妙的极光，它们还会对现代人类的活动造成非常负面的影响。电离层因一股干扰电流（被称为极光电喷流）过载而产生电流，它们可能对通信卫星造成破坏（损坏其电子元件），也会影响全球定位系统的导航（扰乱信号），甚至能影响地面的电子设备。例如，1989 年 3 月，一次巨大的太阳爆发损坏了位于新泽西州的一处发电厂，魁北克多处电厂跳闸，使 600 万人断电 9 小时。

冰河湖（冰岛）上空的北极光

天文现象

太 阳

午夜太阳（极昼）

全球定位　极圈内（例如挪威北部）

全天定位　北方地平线上

何时观察　夏至日前后（对北半球而言是6月和7月）

如何观察　在午夜观察太阳在地平线上的运动

　　夏季在北极圈内能够欣赏到午夜太阳。太阳将在北方地平线上下降到很低的高度，但不会落下，之后又慢慢上升，正午在南方达到最高点，再向北方缓缓下落开始新的一圈。

　　太阳的视运动本质上是地球自转的表现。地球自西向东转，这就解释了我们看到太阳从东方升起（我们去迎接它），从西方落下。这一运动在地球绕太阳公转的一年中逐渐变化，因为地球的自转轴并不垂直于它的轨道平面（或者说地球的赤道和它的轨道平面并不重合）。这一夹角足够大（23.5度），才产生了我们所在纬度的四季变化。这种冬夏之别在接近两极的地方变得极端。因此，有机会在夏季前往北极圈内旅行的人们，比如去斯堪的纳维亚半岛北边，就能看到著名的午夜太阳。

西奥伦群岛的午夜太阳（挪威）
在这张7月初拍摄的照片上，我们能看到午夜时分太阳在地平线上的运功。五张照片以半小时为间隔拍摄，因此展示的是太阳在两小时内的位置变化。太阳位于正北方，它的运动轨迹几乎与地平线平行，仿佛日落持续了好几个小时，但太阳始终没有消失，之后它又重新从东北方向升起，恢复它的全部光芒……如果不像图中一样被云遮挡的话。

7月初乌尔夫斯沃格（挪威）的午夜太阳

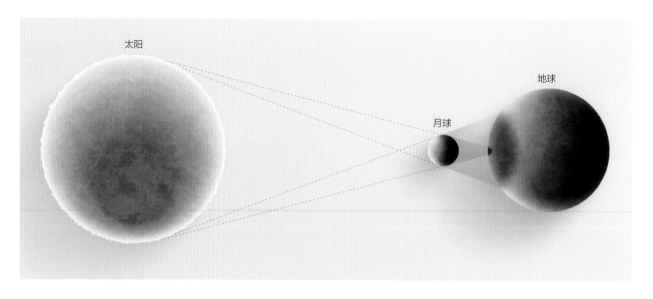

太阳　月球　地球

日食

全球定位　全食带沿线（见日食预报表）

全天定位　太阳所在处

何时观察　当月亮从太阳前面经过时（见日食预报表）

如何观察　除食甚（日食中太阳被月球的阴影遮蔽最多的阶段。——译者注）时不需要任何保护措施外，其他阶段需要用合适的滤镜

当月球从太阳前面经过而挡住它的光芒时，就会出现日食。如果月球绕地公转的轨道平面和地球绕日公转的轨道平面重合，那么每次新月时都会出现日食。然而月球的轨道平面相对于地球的轨道平面微微倾斜（大约5度），因此只有在位置合适的时候才会发生掩食现象。

必要的防护

永远不要裸眼无保护地观看日食。可以使用专用的滤镜，或者用充分曝光显影的黑白卤化银胶片，又或者用电焊护目镜。但在日全食过程中有一个短暂的过程（几秒到几分钟），我们可以安全地用裸眼观看，充分地享受这一视觉盛宴。一旦太阳边缘重新露出就必须立刻停止裸眼观看。

可见的现象

日全食的食甚过程中，我们可以观察到日珥：太阳边缘明亮的、玫瑰紫色的羽毛状或环状物质结构。但最壮观的还是日冕，它在整个日面边缘铺展开弯曲的光线。它的亮度和外观取决于太阳磁场，因此和观察时太阳活动的强度有关。我们甚至可以观察到突然出现在空中的星星，有些非常靠近太阳。

偏食、全食和环食

当月球恰好经过太阳前面时会出现日全食，但它只对地球表面和日月连线完全对齐的区域而言是全食，这一区域在地球表面通常是一条宽几百千米、长几千千米的条带；在条带（全食带）之外，只能看到日偏食，因为太阳只有一部分会被月球遮住。此外，有时月亮距离太远而不能完全遮住太阳，在周围留下一个耀眼的光环，这样的现象被称作日环食。

日全食

2019 年 7 月 2 日欧洲南方天文台位于智利的拉西亚天文台上空的日全食。这次日食持续了两个半小时，其中食甚 2 分钟。为了较好地追踪这一现象的变化过程，这一组照片每张的时间间隔为 2 分钟。

日食时间及观测地点预报（日食预报表）

来自天体力学和历表计算中心（IMCCE，巴黎天文台。——译者注）

日期	时间	类型	时长	位置
2023/10/14	17:59 UT	环食	5 分 17 秒	北美洲、南美洲
2024/4/8	18:17 UT	全食	4 分 28 秒	北美洲、太平洋
2024/10/2	18:45 UT	环食	7 分 25 秒	太平洋、南美洲
2025/3/29	10:47 UT	偏食	-	欧洲、格陵兰
2025/9/21	19:42 UT	偏食	-	新西兰、南极洲
2026/2/17	12:12 UT	环食	2 分 20 秒	南极洲
2026/8/12	17:46 UT	全食	2 分 18 秒	欧洲、加拿大
2027/2/6	16:01 UT	环食	2 分 18 秒	南美洲
2027/8/2	10:08 UT	全食	6 分 23 秒	非洲、欧洲
2028/1/26	15:09 UT	环食	10 分 27 秒	南美洲
2028/7/22	2:57 UT	全食	5 分 10 秒	澳大利亚、印度尼西亚
2029/1/14	17:14 UT	偏食	-	北美洲
2029/6/12	4:06 UT	偏食	-	北冰洋
2029/7/11	15:37 UT	偏食	-	巴塔哥尼亚
2029/12/5	15:04 UT	偏食	-	南极洲
2030/6/1	6:29 UT	环食	5 分 21 秒	亚洲
2030/11/25	6:52 UT	全食	3 分 44 秒	南非、澳大利亚

上一次法国境内可见的日全食发生在 1999 年 8 月 11 日，而下一次则在 2026 年 8 月 12 日，但这次的观测地点将主要在西班牙北部，并且这次日食在即将日落时开始，太阳将很接近地平线，观测条件不大理想。

日冕

这张日冕照片拍摄于 2019 年 7 月 2 日智利拉西亚天文台，当时正处于食甚期间，我们能够在左下角看到一些玫瑰紫色的日珥

宇航员视角

　　对绕地飞行比如常驻国际空间站的宇航员来说，太阳每90分钟就会升起（落下）一次，因为他们的轨道速度接近28000千米/时，使得他们能在一天24小时内看到16次日出和日落。我们可能觉得这样很浪漫，但是这其实使得在轨生活变得更加麻烦：设备需要根据地面昼夜交替的节律切换工作状态，来更好地和地面团队保持联系，同时也是为了维持宇航员以24小时为周期的生物钟。照明条件的变化尤其会对出舱活动造成影响：这些工作通常要持续好几小时，因此不得不在不断的昼夜交替中进行，一会儿阳光直射，一会儿又依赖人工照明，切换间隔只有几分钟。这就是为什么宇航服头盔前后都配备了强大的照明灯。就观察太阳本身而言，在太空中能够接收到被地球

大气吸收了的部分辐射，尤其是紫外和红外波段。这些探测工作通常由自动探测器完成，国际空间站也配备了由法国和比利时合作研制的仪器（SOLAR/SOLSPEC），它能在从远紫外一直到红外波段观测太阳。宇航员们只在2008年安装时进行了舱外操作，此后这个仪器一直独立工作；因此宇航员们自己就能像游客一样观察太阳，尤其是一天能看好多次日出日落。

　　然而宇航员们所在的位置并不适合观察日食。他们所乘的飞行器确实可能恰好经过月球的阴影，这种情况的持续时间非常短（最多也就十来秒），但他们能够在这时很好地观察到月球投在地球上的阴影。

月　球

月相

全球定位	任何地方
全天定位	月亮所在的位置
何时观察	当月亮可见时（不分昼夜）
如何观察	简单的日历就可以查到月相

当我们观察月亮时，注意到的第一件事便是它的相：它遵循一个周期，叫作朔望月（中国的农历就是以此为基础制定的，并通过二十四节气配合日地运动周期进行调节。——译者注），长度是 29 天半，对地球上的观察者而言，在此期间月球将从细小的月牙变为一个明亮的整圆。

理解月相变化的一个很简单的方法是，取一个小球，手拿着它放在眼睛的高度，伸直手臂，并面向一个用来模拟太阳的足够明亮的点光源。我们的头就是地球，而小球就是月亮。

接着，在原地转圈的过程中就可以还原出不同的月相。当我们转向点光源（视野充满它的光线），小球面对我们的一面就不再被照亮（这就是新月），或者只是一个细细的月牙。如果小球从点光源中间经过，我们甚至也重现出了一次日食，但现实中这样完美的共线很少出现，不然的话我们每次新月都能看到日食，那差不多就是每个月一次。当点光源在我们左侧或者右侧的时候，小球有一半被照亮，这就对应了上下弦月的情形。最后，当点光源在我们背后，我们看到小球完全被照亮，这就是满月，当恰好共线时，投在上面的地球的影子就形成了月食。但就和日食一样，完全共线的情况很少发生，不然每次满月我们就都能看到月食了。

通过望远镜观察到的半个月内的月相变化：*新月、上弦月、凸月、满月。*

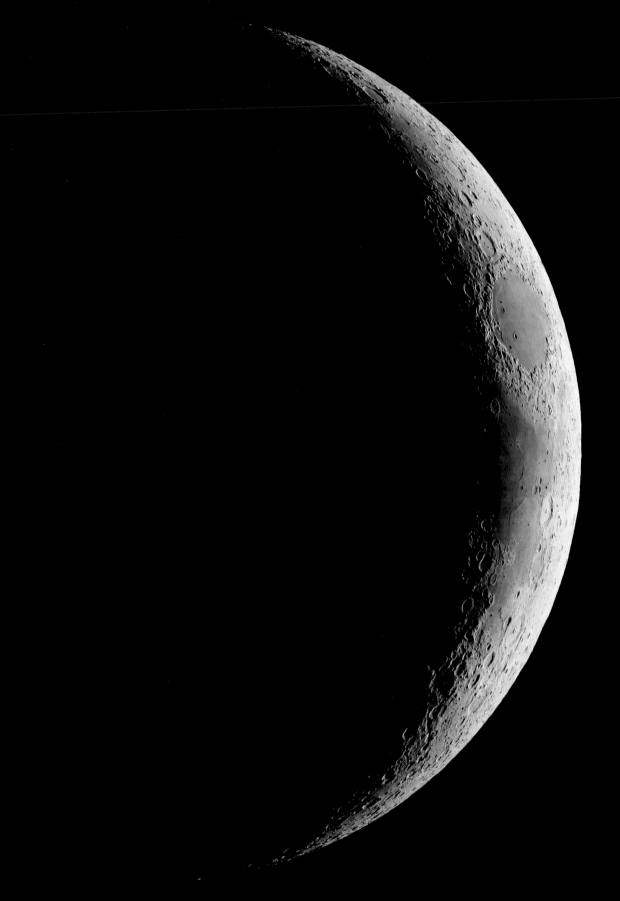

当我们观察月亮时，注意到的第一件事便是它的相：它遵循一个周期，叫作朔望月，长度是 29 天半。

月球的灰光

全球定位 任何地方

全天定位 月亮所在的位置

何时观察 月牙时，夜晚日落后或早晨日出前

如何观察 整个月面裸眼可见，用双筒望远镜更佳

新月刚刚过去，月亮呈一个细细的月牙状，整个月面却仍然可见，呈现出黯淡的灰白色，这就是我们所说的灰光。这实际上是地球反射的太阳光照亮了月球。

假如这时候我们身处月球，就能在天空中看到"圆满的地球"。月球的灰光在新月后两三天内裸眼可见，同时可以看到落日余晖中细细的月牙，在新月前两三天也是如此，只是月牙出现在晨曦中。可使用双筒望远镜，月球灰光的景象非常值得一看。

智利帕瑞纳天文台上空升起的月牙

月食

全球定位　月食发生时处于夜半球的所有地方

全天定位　月亮所在的位置

何时观察　当月球经过地球的影子时（见月食预报表格）

如何观察　月亮即使在食甚阶段依然裸眼可见，但用双筒望远镜更容易观察

当月球经过地球的影子时就会发生月食。然而它并不会完全消失，而是保持可见并呈现出金属铜一般的橙红色。这是因为地球拥有大气层。

如果月球穿过地球的影子时我们身处其上，我们就会看到地球周围有一圈浅红色的光环，这是地球大气层被掠过的太阳光照亮而形成的。这个带着色彩的光环发出的光线足够在月球经过阴影时照亮它。如果月球不完全处在地球的影子中，就会形成月偏食。这一现象虽然不那么壮观但依然十分有意义：地球的影子投射在月面上，使古代的人们就能够估算出地球的直径大约是月球的 4 倍。

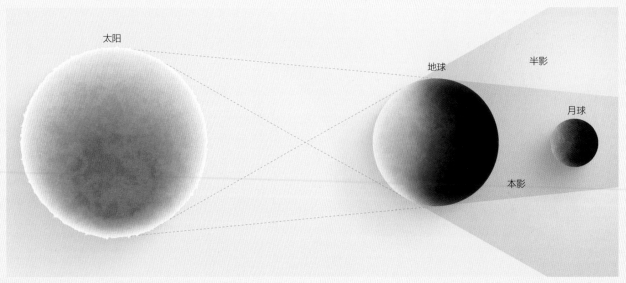

太阳

地球

半影

月球

本影

月食

近期法国本土可见的月食

（日期、食甚时间、月食类型由天体力学和历表计算中心提供）

日期	时间	类型
2023/10/28	20:15 UT	偏食
2024/9/18	2:45 UT	偏食
2025/3/14	7:00 UT	全食
2025/9/7	18:13 UT	全食
2026/8/28	4:14 UT	偏食
2028/1/12	4:14 UT	偏食
2029/12/20	22:43 UT	全食

月全食

这一组影像展示了地球的影子逐渐遮蔽月面，
月面完全在阴影中，以及月面移出阴影的过程。
整个现象持续了数小时。

J 1

J 4

J 8

J 12

J 16

月球出没

全球定位 任何地方

全天定位 东方或西方地平线

何时观察 月亮升起或落下时

如何观察 裸眼观察就很好看，用双筒望远镜也非常美妙

月亮的升起（或下落）总是十分壮观，它因为光线切向穿过了厚厚的大气层而通常带着橙黄的颜色。

红色和黄色的光线能够非常容易地传播到我们眼中，但接近蓝色和紫色的光线就会在穿过大气层的过程中先被散射殆尽。除了颜色，月亮在靠近地平线的时候看起来会比它在高空中时大。这不仅不是真实的，甚至与光学现象是相反的，由于**大气折射**（穿过大气的光线被弯折），它在地平线上时看起来也会略微变扁。不仅如此，这时候它离我们也要稍微更远一些，因为除了月球和我们之间 384000 千米的（平均）距离，还要加上地球的半径（6400 千米）。月亮在地平线附近看起来更大，仅仅是我们大脑的处理结果：它和远处一些较大的物体相互映衬，例如树木、高楼，甚至山峰，使它看起来更大。而当它在高空，周围没有参照物的时候，它在我们看来就显得更小，迷失在无边的黑暗中。

曼哈顿的月出

围绕着月亮，尤其是满月，至今有很多错误观念流行。

且先不提狼人的秘密，月亮在很多事情中都被赋予了重要的角色，例如睡眠问题、出生、犯罪、头发的生长，或者延伸到植物的生长。这里可能要让一些读者失望了，我们必须明确地说，所有这些都无法用科学方法证明。只有潮汐和月球（连同太阳）的引力作用紧密相关，但其他的，根据官方统计数据，满月或者其他任何月相并不对应犯罪率、出生率或者失眠率的上升。

同样，女性的生理期循环和月亮也没有关系，虽然它们有着相近的周期；不然如果真是这样的话，所有女性应该同时月经来潮。至于植物的生长，实验中在不同月相时种下的许多不同种类的植物种子并没有显示出不同的生长速度。如果月相对植物生长真的有影响，那农学院应该早就教授相关内容了。但教人们如何根

据月相进行园艺活动的书在大众中仍然十分畅销，人们常常被这种回归大自然的说法吸引。

在许多盛行的与月亮相关的传说中，有一个尤其有趣，因为它乍一看好像是真的，那就是冬季满月时冰冻更严重。在月亮渐盈的过程中，它在冬季更加引人注意，因为它在空中能升得非常高；这一点和太阳相反，月亮在夏季较低，而在冬季较高。在晴朗的夜晚，它的光芒也因此更加引人注目，因为它在上中天（天体周日视运动的最高点。——译者注）的时候非常高。然而，大气透明的夜晚也意味着天空中没有一层云，甚至没有一层薄雾，来保存地表白天积累的那一点点热量（原理和被子类似）。这种情况下冰冻严重的可能性就更大，人们在脑中就将这一现象和空中明亮的圆月联系了起来。因此，是云层的缺席，而不是满月本身使得冰冻更严重。

与之相关且流传更广的另一个说法是，月亮有令物品褪色的能力。月亮只不过是反射了很小一部分的太阳光，怎么会有这种能力呢？相关的解释在 1985 年由一位法国科学家给出，他是研究行星大气的专家让－保罗·帕里索特。夜晚的寒冷使水蒸气凝结形成露水，溶解大气中的过氧化氢（白天在阳光照射下形成）形成了双氧水，因此使放在草地上的布料或者与单层玻璃上凝结的湿气接触的窗帘褪色。

宇 航 员 视 角

　　在轨的宇航员们看到的月亮和地面上的人们看到的并没有多少不同。月相和月食看起来都一样，只有 1969 年至 1972 年开展的阿波罗计划的宇航员们拥有了完全不同的视角，因为他们到达了绕月飞行的轨道，大多数甚至踏上了月球的表面。

　　国际空间站的宇航员们处在 400 千米的高空，这对观察月亮的视角并没有多大影响，因为月亮距离我们的平均距离长达 384000 千米。月球绕地公转的轨道是一个相当明显的椭圆，这使得地月距离在 356000 千米和 406000 千米之间变化。月球的视直径在最近最远的情况下呈现出 10% 的差别。人们常说"超级月亮"，这个说法其实有点夸张，通常说的就是地月距离处于最小值 356000 千米时的满月。有人声称自己肉眼能看出超级月亮和普通月亮之间的区别，但实际上这种差别若不通过合适的仪器进行科学测量根本无法分辨。

"当我看月亮的时候，我看到的不是一个荒凉的沙漠世界。我看到的是一个散发着光芒的物体，在那里人类迈出了探索第一步，而这探索将永无止境。"

——大卫·斯考特，阿波罗 15 号指令长

金　星

全球定位	任何地方
全天定位	在太阳升起或落下的方向
何时观察	八个月在夜晚，八个月在早晨，依此循环
如何观察	裸眼，但想要看到金星的相需要借助仪器

金星是天空中第三亮的天体，仅次于太阳和月亮。和月亮一样，金星也是因为反射太阳光而明亮，但遥远的距离让它看起来像是天空中的一个亮点。因此人们甚至把它当作恒星来命名，叫作"牧羊人的星星"。（由于金星在早晨和傍晚交替出现，且十分显眼，中国古代的人们赋予了它两个名字，即"启明星"和"长庚星"。——译者注）

落日余晖中的金星

金星是水星之后距离太阳第二近的行星，它在天空中很少远离太阳，因此我们只能在日落后或日出前不久看到它。这无疑是它获得"牧羊人的星星"这一别称的原因：因为傍晚它的出现预示着夜晚的降临，赶羊群回栏的时间就到了；同样，早晨它的出现也意味着是时候放羊群出来了，因为天就要亮了。

最佳的观察条件

裸眼观察金星只能看到天空中的一个亮点，但当它位于太阳和我们之间的时候，它看起来其实是月牙状的，我们用双筒望远镜能够在落日的余晖中看到它，手必须非常稳，望远镜的光学器件质量要非常好。这时候金星其实离地球最近，呈现出最大的视直径。这一现象出现在金星黄昏可见到早晨可见的过渡阶段，因此需要在它逐渐落下西方地平线，或者在早晨它出现在东方的地平线上时仔细追踪（如果我们接连几天持续观察，就能明显察觉到这一移动）。

探测器水手 10 号拍摄的金星
这张永久覆盖金星的云层的照片是近期根据美国探测器水手 10 号于 1974 年拍摄的图片合成的。它展示了宇航员乘坐太空飞船接近金星时所能见到的景象。

"天空中有那么多闪耀的星星,那么多美丽的东西闪烁着光芒,
但当金星出现的时候,其余的一切都黯然失色,成了背景。"

——穆罕默德·穆拉特·伊尔丹,土耳其现代小说家

希米尔海滩上空的月亮和金星，
苏格兰，北艾尔郡

落日余晖中的金星和月亮
摄于 2019 年 12 月 28 日夜晚的金星照片，图中还有月牙（可以注意到月球的灰光）高挂在马赛港和弗留利群岛上空。

何时观察金星？

　　尽管金星足够明亮，很容易在落日余晖或晨曦中看到，但我们还是希望能明确它究竟是晚上还是早上可见（注意，在表格中未被提及的月份，金星离太阳太近而很难被看到，比如 2021 年的 3 月和 4 月或者 2022 年的 10 月和 11 月）。

　　我们会发现金星的位置变化每 8 年一循环，这是因为它在地球绕日转完 8 圈的时候恰好转完 13 圈。下表中展示的 2021 年至 2028 年的完整变化周期，将在 2029 年至 2036 年以及之后循环往复。（表格制作于 2021 年。——编者注）

金星的可见时间

年份	早晨可见的月份	晚上可见的月份
2021	1 月—2 月	5 月中—12 月
2022	1 月末—9 月	1 月初或 12 月底
2023	9 月—12 月	1 月—8 月中
2024	1 月—4 月	7 月中—12 月
2025	4 月—11 月	1 月—3 月
2026	11 月中—12 月	3 月—10 月
2027	1 月—7 月中	10 月—12 月
2028	6 月中—12 月	1 月—5 月中

行星相合

裸眼能观察到的最有趣的景象非行星相合莫属，这一现象出现时往往能在同一天区看到多个行星，有时月亮也会来凑热闹。

早晨日出前或傍晚日落后常常是观察行星的好时机，而且这时候还可以借着晨曦或夕阳余晖拍到色彩丰富的天空背景。所有的行星绕日公转的轨道几乎都在同一平面上，因此我们看到它们在天空中处在同一条线上，这条线就是太阳系平面的投影：我们称之为黄道（écliptique），因为这是掩食现象（éclipse）发生的地方。

不可或缺的工具

在夜空中找到行星相合的最准确的办法是使用类似于 Stellarium 的软件，在网上可以免费获得。它使用简单，对新手也非常友好，它可以生成全球任意位置给定日期和时间的可观测星空。

恒星还是行星？

除了金星，裸眼可见的太阳系行星在天空中并不容易分辨。它们不像金星那么亮，很容易和其他星星混淆。但还是有一种简单的方法能够分辨它们：恒星会闪烁，但行星不会。恒星闪烁的现象来源于地球大气对来自恒星的光线的扰动，它们是天空中的亮点（实际上它们非常大，大多数比太阳都大得多，但遥远的距离使它们看起来只是一个个小点）。

行星却有着明亮的圆面——即使我们的肉眼看不出它们的直径大小，需要用望远镜才能看到——这也足够削弱闪烁现象了。按照亮度递减的顺序，金星之后是木星、土星、火星，最后是水星。水星是最难观察到的，因为它一直离太阳很近，总是淹没在朝阳或落日的光辉中。

行星相合

这次绝妙的行星相合现象拍摄于 2011 年 5 月 1 日智利帕瑞纳天文台日出前。从上至下可以看到金星、水星、木星和火星（彼此非常接近）以及月牙（月面有灰光照亮）。

宇航员视角

　　绕地飞行的宇航员在观察行星方面并没有多大优势，只是他们位于大气层外，可以接收一些被大气过滤掉的波段。只有未来的宇航员有机会离开地球去探索太阳系的其他行星。

黄道光

全球定位	任何地方
全天定位	地平线上，日落或日出方向
何时观察	春季凌晨的东方，或者秋季夜幕降临时的西方
如何观察	裸眼，长曝光摄影更加明显

黄道光是天空中一道黯淡的光辉，日落后或日出前在地平线上可见。它实际上是太阳系平面中地球和太阳之间的尘埃颗粒散射的太阳光。

一年之中，太阳在天空中的位置在黄道星座之间穿梭变化，这道光辉则很自然地被称作黄道光。这些尘埃主要来自彗星，也有一些来自小行星。黄道光的亮度非常低，需要大气十分纯净并且天空中没有月亮，才能把它和日出日落的光辉分辨开来。在中纬度地区，春季的凌晨或秋季夜幕降临的时候最容易观察到它。这时候黄道和地平线垂直，提供了最佳的观察条件。

黄道带

地球绕日公转轨道平面被称为黄道面，只有在月球穿过这一平面的时候才会形成日食或月食。太阳在天空中的视运动则沿着这个平面在天空中的投影，我们也将这道投影线称为黄道。黄道带是以黄道为中心向两侧各拓展几度形成的区域。太阳系大多数行星的轨道平面和黄道面十分接近，因此它们都在黄道带内运动。在古代，人们人为地将黄道平均分成 12 个区域，每个区域 30 度，每个区域内的星星形成的星座就是一个黄道星座。

注意，现代的黄道星座有 13 个，蛇夫座被加入到了 12 星座中。这些星座在天空中覆盖的区域大小不一，天蝎座只勉强覆盖了 8 度，而室女座则覆盖了 45 度。

黄道光

日落后的黄道光，2009 年 9 月摄于位于智利拉西亚天文台。纯净而没有光污染的天空是观察它的必要条件。我们在图片左下角可以看到云海之下城市灯光的光辉。

宇航员视角

　　宇航员们身处大气层外，相比地面观察者能够以更高的对比度观察到黄道光。但它因亮度太低而不能被拍摄到：拍摄黄道光需要至少几秒的持续曝光，而航天器的飞行速度过快，无法获得清晰的照片。唯一的资料只有阿波罗 17号宇航员尤金·塞尔曼的写实画作。他观察了月面以上的黄道光，这时月球遮挡住了太阳，可以让他看得更清楚。

黄道光

摄于智利帕瑞纳天文台，黄道光占据了图片的左半边，其中最
明亮的天体是金星，图片的右半边则被银河占据。

流　星

全球定位	任何地方
全天定位	通常在已知的流星群周围呈放射状射出
何时观察	查阅已知流星群表
如何观察	裸眼，最好舒服地躺着看天顶方向

在绕日公转的过程中，地球常常会遇到尘埃或者小石块，甚至是在太阳系中游走的大石块。这就是陨石，从天上掉下来的石头，它们的轨迹给人留下星星快速飞过的印象。

陨石到达地球大气层时有着很高的速度（5万千米/时到25万千米/时）。在大气层密度较大的圈层中，它会受到非常剧烈的摩擦，有时足以将它加热到白炽状态；陨石经过处的空气因此带电，在它身后形成一道明亮的尾迹。当这一减速过程足够剧烈时，陨石甚至有可能爆炸而分散成小石块，如果它的质量很小，可能会完全汽化。这短暂的现象在地面上的人看来就像一颗星星飞过，因此人们称之为流星。但它实际上和星星没有任何关系，因为它只是一块在我们头顶上方80至100千米的大气层中逐渐熔化的石头。天空中除太阳外最亮的恒星是天狼星，一块1克的小石头就能形成与之亮度相当的流星。

陨石的影响

如果一颗陨石到达了地面，可能会形成一个大坑。质量足够大的陨石在落地时最终速度很大，它所有的动能都转换成了热能，陨石便彻底瓦解。大坑就在这时候形成了，称为陨石坑。有趣的是，质量小的陨石（几千克到几十千克）反而更有可能幸存下来，因为它到达地面时的速度更小，在形成撞击坑的同时还能余下一小部分，嵌在陨石坑的中央。地球上目前只发现了13个来源明确的大陨石坑（其中就有著名的巴林杰陨石坑，位于美国亚利桑那州）和上百个可能的陨石坑。问题在于风水侵蚀很快就能抹去陨石留下的痕迹。如今陨石现象远不如太阳系形成之初频繁，我们现在能看到的陨石坑大多数都是那时形成的，尤其是在月球、水星上，还有木星与土星的卫星上。

从太空中看陨石

宇航员小罗纳德·加兰（Ron Garan）2011年8月13日从国际空间站拍摄了这颗陨石（很可能来自英仙座）进入大气层的场景。

宇 航 员 视 角

　　绕地飞行的宇航员在大气层之外，因此他们能看到陨石下落燃烧的过程。对他们来说流星形成于地球表面，这是一个新奇的视角。

陨石残骸

地球每年仍然会接收大约 1 万吨物质。这一估算非常粗略,因为这些物质大部分都是尘埃。这个数字可能看起来很大,但如果分摊到全球每 1 平方千米,这一平均值就小到相当于每 25 年只有一块大于 500 克的陨石掉落。这些从天而降的石头一直吸引着人类。其中最著名的石头之一无疑是镶在麦加的克尔白的黑石,前去朝圣的人们都要绕着它转七圈。

流星雨

地球在周年运动过程中经过一个已经解体的彗星的轨道,彗星留下的尘埃穿过大气层,我们就看到了大量的流星。有时流星多得如下雨一般,我们就知道地球穿过了一片彗星遗迹。最为人熟知的流星群要数英仙座流星群,每年 8 月中旬我们都能看到,其流量在 8 月 12 日、13 日夜间达到极大值。

天空会掉下来砸到我们头上吗?

被陨石砸到脑袋的概率还是非常小的。但是,有一个已知的具体案例,在 17 世纪的米兰,一名方济各派成员因一块割开其动脉并撞上股骨的陨石而死亡。这块陨石(约 4×5 厘米)在 18 世纪遗失,但对它的描述记载,以及所附的绘于 1664 年的彩绘图,一直保存在米兰的盎博罗削图书馆。

之后的例子提醒着我们这样的风险始终存在。1982 年 11 月 8 日,美国康涅狄格州韦瑟斯菲尔德的一对夫妇正在家静静地看电视,突然一块 2.7 千克重的陨石穿过了他们家的屋顶和餐厅的天花板,撞倒一把椅子之后又从地板弹起到天花板:这是多么剧烈,恰好在隔壁房间的这对夫妇又是多么幸运啊!最令人震惊的是此前已经有一块陨石于 1971 年 4 月 8 日损坏了距离此处 3 千米的一处房子的屋顶。然而这两次事件并没有任何关联。

另一个例子发生在 1992 年 10 月 9 日美国纽约州的皮克斯基尔,一块 14 千克重的陨石砸到了一辆停在路边的车,将它的后备箱砸出一个大坑。同

陨石的轨迹

要观察流星,最好的办法就是躺下,这样能够看到最大范围的天空而不至于扭伤脖子。如果我们能记住所有流星的轨迹,我们很容易发现它们似乎都来自天空中同一个点,这个点被称为辐射点。这些来自同一流星群的陨石的轨迹实际上是相互平行的,就像平行的铁轨看起来在天边一点交会一样。辐射点在天空中的位置取决于地球和产生流星群的原彗星二者的运动。虽然流星似乎都从辐射点来,但直接观察辐射点的方向并没有什么意义,因为这个方向上的流星几乎直面我们而来,它们的轨迹是最短的。

流星

这颗流星十分明亮,照片于 2014 年 4 月 7 日摄于智利的射电望远镜阵列 ALMA 上空。图片右下方可以看到火星和室女座的角宿一。

样,1995 年 2 月 18 日,在日本根上町,一辆停在路边的车的引擎盖被一块陨石击穿,人们随后在车内发现了碎成四块的陨石,其中最大的一块重 325 克。2003 年 3 月 26 日午夜时分,一块直径大约 2 米、质量在 10 到 25 吨之间的陨石在美国伊利诺伊州被看到,它像一个火球划过天空,最后变成一堆小石块散落在了芝加哥郊区,声波在加拿大都能接收到。至少 6 座房屋和 3 辆轿车被这些几千克重的碎石损坏,这些碎片散落范围长达 10 千米。最近的事件还有 2013 年 2 月 15 日,位于俄罗斯乌拉尔山脉以东的车里雅宾斯克,一块直径 15 到 20 米、估计重达 1 万吨的陨石,以 65000 千米 / 时的速度进入大气层。它分裂成了许多碎块(约 300 块直径小于 1 厘米以及 50 块左右更大的),其中最大的重 570 千克,落入了一片冰封的湖中。1600 人受伤,主要原因是被冲击波震碎的窗户玻璃碎片划伤。

总而言之,古代的高卢人担心天空掉下来砸到头还是有道理的!

"在一些物理学家的观念中，流星是真实的天体，在它们无规则的轨迹上和地球相遇。"

——普鲁塔克，古希腊哲学家

流星群

全年任何时候都有流星群，但 8 月是最突出的月份，因为人们基本都在休假，气温足够宜人，使得人们能够在户外度过夜晚的一部分时间，凝视夜空。下面的这张表里的每小时可见流星数只是一个参考值。它给出的是我们在理想条件下，即夜空足够黑（没有月亮和光污染）时，全天可见的流星总数。这一数值每年变化很大，这和我们经过彗星碎片群的密集部分还是稀疏部分有关。

已知的流星群一般以它的辐射点所在的星座命名，比如 8 月的英仙座流星群名字就来自英仙座，11 月的狮子座流星群名字就来源于狮子座，以此类推。

流量较大的流星群				
名称	极大日期	持续时间	最大流量	相关彗星
象限仪座流星群	1 月 3 日	1 月 1 日—1 月 5 日	120	科齐克 – 佩尔蒂埃彗星
天琴座流星群	4 月 22 日	4 月 16 日—4 月 25 日	15	撒切尔彗星
宝瓶座 η 流星群	5 月 5 日	4 月 19 日—5 月 28 日	60	哈雷彗星
宝瓶座 δ 南流星群	7 月 28 日	7 月 12 日—8 月 19 日	20	马斯登和科拉赫特彗星
英仙座流星群	8 月 12 日	7 月 17 日—8 月 24 日	110	斯威夫特 – 塔特尔彗星
天龙座流星群	10 月 8 日	10 月 6 日—10 月 10 日	小于 5	贾科比尼 – 津纳彗星
猎户座流星群	10 月 21 日	10 月 2 日—11 月 7 日	20	哈雷彗星
狮子座流星群	11 月 17 日	11 月 14 日—11 月 21 日	15	坦普尔 – 塔特尔彗星
凤凰座流星群	12 月 6 日	11 月 28 日—12 月 9 日	小于 5	布朗潘彗星
双子座流星群	12 月 14 日	12 月 7 日—12 月 17 日	120	法厄同小行星
小熊座流星群	12 月 22 日	12 月 17 日—12 月 26 日	10	塔特尔彗星

英仙座流星群

这张图片展示了 8 月中观测到的流星在天空中留下的痕迹。这些尾迹看起来都来自英仙座，这个流星群因此得名。我们能注意到有一些痕迹并不来自同一个辐射点，因此它们是来自别处的流星。

彗　星

全球定位　任何地方

全天定位　最常见于日落后或日出前的地平线附近

何时观察　只有已知周期的彗星能够被预报

如何观察　最明亮的那些裸眼可见，但通常需要双筒望远镜

彗星是一个直径几千米的大脏雪球。离太阳很远的时候它会反射太阳光，看起来就像不太亮的星星；当它靠近太阳的时候，就会出现一条明亮的尾巴——这是雪球在融化。

它每秒能够失去几吨的冰（冰通过升华作用直接由固体变成气体），我们能连续几天看到它在空中划过。彗尾通常有两部分：一条蓝色的，由彗星被点亮时逸出的气体被太阳光照射带电形成（主要成分是一氧化碳）；另一条灰白色的，由被阳光照亮的尘埃形成。尘埃尾通常会沿着彗星的轨道稍稍弯曲。气体形成的离子尾却是笔直的，指向背向太阳的方向，因为是组成太阳风的带电粒子在彗星运动的过程中导致逸出气体带电。彗尾的长度经常能够达到数十万千米，有时能超过地月距离。

海尔 – 波普彗星

观测于 1997 年的海尔 – 波普彗星是过去 20 多年中人们观测到的最明亮的彗星。
我们可以清楚地看到蓝色的离子尾和灰白色的尘埃尾。

彗星的命名

每个彗星的名字都由它被发现的年份和按字母表顺位的一个字母组成。后来人们也会用发现者的姓氏称呼它，有多人几乎同时发现时就会把他们的姓氏连起来。当同一个彗星被好几个人在几天的时间内独立发现时，它的名字最多可以由三个人的姓氏组成［由国际天文学联合会（IAU）规定的最大数量］：彗星1975h 就属于这种情况，它被称为小林－博尔格尔－米伦彗星，第一位发现者在日本，后两位在美国，间隔时间分别是两天和四天。周期彗星，比如每76年回归一次的哈雷彗星，将始终保留它第一次被观测到时的名字。能发现并命名彗星的通常是天文爱好者，但现在也有越来越多自动运行的望远镜能够发现彗星。IRAS－荒贵－阿尔科克彗星就属于这种情况，它于1983年4月25日首先被红外天文卫星IRAS发现，随后又被日本的荒贵源一和英国的乔治·阿尔科克两位天文爱好者独立发现。

彗星从哪里来？

彗星来源于一个包围着太阳的巨大云团，名叫奥尔特云，它的名字来自1950年提出这一假说的荷兰天文学家简·亨德里克·奥尔特。这个云团的最大直径应当在光年量级，但其中包含的大约1万亿颗彗星大部分都在距离太阳四分之一光年到半光年的范围内。它们中的大部分始终离太阳很远，因此彗核一直保持冰冻状态，但因为尺寸太小，不能从地球上观察到。奥尔特云应该是太阳系形成时留下的遗迹，这也是详细研究彗核的意义所在。就是在这样的背景下，欧洲的罗塞塔（Rosetta）探测器在2004年由阿丽亚娜－5运载火箭搭载发射，在2014年11月至2016年9月期间近距离研究丘留莫夫－格拉西缅科彗星。

丘留莫夫－格拉西缅科彗星

这颗彗星的照片由罗塞塔探测器拍摄于2016年4月9日，拍摄距离30千米。拍摄时这一来自欧空局的探测器位于太阳和彗星之间，借助最好的光照条件尽可能地展示彗星冰冻表面明亮的特征。

宇 航 员 视 角

对于观察彗星而言，绕地飞行的宇航员们相对于地面上的人们并没有多少优势，因为彗星通常都非常远，即使在它们离地球最近的时刻依然如此。另外，由于飞行器速度很快，宇航员们得不到足够长的曝光时间，所以除了那些特别亮的彗星，其他都很难拍摄到。未来，穿越太阳系的宇航员能够像2014年罗塞塔探测器那样接近彗星，甚至在它们冰冻的表面上漫步，虽然彗星表面极低的重力会让这件事十分困难。

麦克诺特彗星

2007年1月，麦克诺特彗星在太平洋上空，拍摄地点在智利的帕瑞纳天文台。它发射出大量的气体和尘埃，在天空中形成特别壮观的多重彗尾。图片右侧的白色圆面是月亮，衬托出了彗尾在天空中的延展范围。

　　让－路易·庞斯以看门人的身份进入马赛天文台，在他的职业生涯中发现了37颗彗星，最后担任佛罗伦萨天文台的台长。这是1855年弗朗索瓦·阿拉戈（天文学家）关于他的叙述：

　　"南法美丽的天空，庞斯那双敏锐的眼睛，尤其是他不知疲倦的热情，使得马赛天文台在欧洲境内声名鹊起。"他是"天文学历史上有记录的最著名的彗星发现者"。

　　（弗朗索瓦·阿拉戈，法国数学家、天文学家、政治家，1843年起担任巴黎天文台台长直至逝世，法国1848年革命后曾任法兰西第二共和国执行委员会主席。巴黎天文台大圆顶和其内38厘米口径9米焦距的折射式望远镜以他的姓氏命名，该望远镜至今活跃在巴黎的天文科普活动中。——译者注）

银　河

如果我们在夏季的夜晚看向南方，就能看到一条明亮的乳白色条带从天顶一直延伸到地平线。这就是我们所说的银河，它实际上是我们所处的星系的侧面。

银河系中心，位于人马座内。

宇宙中存在着数百亿个星系，其中大部分和我们的星系一样是旋涡星系。它呈巨大的扁盘状，由3000亿颗恒星和弥漫的气体组成，厚度大约1000光年，直径大约10万光年。我们在观察银河的时候，几千光年内遥远的恒星发出的暗弱的光芒在我们的视线方向上叠加，这些恒星单个并不可见，但它们的光叠加形成了这条特别的光带。

我们的星系中的星座

形成星座的恒星都在太阳的周边（相距最多两三千光年）。银河从地平线开始，穿过人马座，直到我们头顶的天鹅座，甚至之后还继续延伸（向仙后座的方向）。

银河系的中心位于人马座，这解释了为什么银河在南方更加明亮。我们的太阳（和它的行星）在这个星系的盘面中处于相对靠外的位置，距离星系中心大约3万光年。

银河
摄于智利拉西亚天文台。在星星点点之中我们能够看到电离气体形成的玫瑰色星云，还有星系中尘埃的剪影。

银河系 360 度全景

这张银河系的 360 度全景图包含了覆盖整个天球的图像。为了得到这样令人惊叹的最终结果，必须在几个月内拍摄数量庞大的照片。
从侧面看，我们的星系的盘面一直延伸到了图片两端，图片中央星系的核球虽然有一些部分被尘埃遮挡，但在图片中心依然处于主导
地位。

星系的形状

　　我们所处的星系属于旋涡星系，因为它的盘面中有着螺旋状的臂。大质量的明亮恒星和它们通过荧光效应照亮的周围气体形成的星云组成了我们看到的旋臂。复原这张银河系的正面图像并不简单，因为我们在它的内部，只能看到它的侧面。在我们看来所有的悬臂都叠加在一起，如果我们想要复原它的整个结构，我们所面临的困难就像是想要得到一片森林的图像却身处其中，既不能自由移动，也不能爬上树梢一样。另外星系中还存在着许多尘埃，它们在我们的视线方向上堆积，使我们无法直接看到星系的中心，更别提另一边的东西了。因此我们需要射电天文观测来捕捉遥远的、被尘埃遮挡的星星。就是用这种方法，1976 年，马赛天文台的两位天文学家，伊冯和伊冯娜·若热兰，精确地测定了我们银河系四条主要旋臂的位置。人们从此能够分辨出，以最能清楚看到它们的位置所处的星座命名的人马座 – 船底座旋臂（离我们最近，南半球可见）、英仙座旋臂、盾牌座 – 南十字座旋臂，以及距离我们最远的矩尺座（位于南天的星座）旋臂。

150

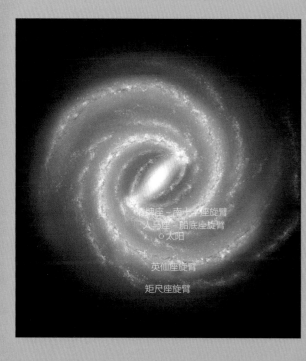

南牌座－南十字座旋臂
人马座－船底座旋臂
○太阳
英仙座旋臂
矩尺座旋臂

有朝一日能够俯拍我们的星系几乎是一个幻想，因为即使是一个速度很快的空间探测器也要飞行数千年，才能达到星系盘上方足够的高度来拍摄盘面和旋臂的全貌（且这张图像传回地面又要花费数千年的时间）。然而从地面拍摄的大量图像能够复原出银河系侧面的全貌。太阳离银河系中心足够远，使我们能获得仿佛从外部观察这个星系的视角，而且我们获得的图像和我们观察到的其他旋涡星系的侧面图像确实十分相似。

正面观察银河系的结构图

这张艺术想象图展示了从正面看我们的银河系所看到的景象。图上标注了太阳的位置，同时也标注了 1976 年伊冯和伊冯娜·若热兰在马赛天文台测定出的四条主要旋臂的位置。

"银河是从侧面看到的我们自己的星系，它在南半球更美。原因很简单，银河系的中心位于人马座，冬季它在南天（对应北半球的夏季）的上中天位置很高，但从法国本土看它始终十分靠近地平线。因此南半球看到的银河最亮的部分在靠近天顶的位置，壮丽地一直延伸到两侧的地平线。我在智利拉西亚天文台进行观测的时候，能够凭借银河的光芒看到自己在地面上的影子。除此之外，在南半球我们还能在银河中看到一些引人注目的天体，比如船底座和南十字座，还有我们在北半球中纬度无法看到的煤袋星云。"

——米歇尔·马塞兰

太空中看银河
欧空局的宇航员安德烈·库佩斯从国际空间站逆光拍下了这张银河现于地球大气层之上的照片。

太空中看银河
欧空局的宇航员提姆·皮克从国际空间站逆光拍下了这张银河现于地球大气层之上的照片。

宇 航 员 视 角

　　绕地飞行的宇航员看到的银河和地面上的观察者看到的类似，即使他们离开绕地轨道，也永远被困在银河系之中，因为银河系宽达 10 万光年，只有科幻电影里才会设想星系际旅行。哪怕仅仅是利用速度最快的探测器对银河系盘面和旋臂进行直接观察都还是遥远的幻想。

麦哲伦云

全球定位 南半球

全天定位 靠近南天极

何时观察 全年可见

如何观察 裸眼，用双筒望远镜能够看到有趣的细节（星团和星云）

去往南半球的旅行者可以很容易用肉眼看到我们所在星系的两个小小的伴星系，它们被称为麦哲伦云，以纪念 16 世纪的葡萄牙航海家麦哲伦。

它们早在麦哲伦航行之前就被南半球的居民们注意到了，因为它们看起来就像大气层中两朵小小的云，但它们不会动，只有地球的自转会使得它们在天空中缓缓地划出两道弧线。

小麦哲伦云距离我们约 20 万光年，包含着约 3 亿颗恒星（相当于我们银河系的千分之一）。大麦哲伦云距离我们约 16 万光年，包含约 100 亿颗恒星。它们之间存在相互作用，并有一条物质流连接（不发光但可被射电望远镜探测到）。由于缺少完整的足够精确的三维观测，它们绕我们星系旋转的轨道至今尚未被精确测定。通过近期的一些观测推断，在二三十亿年内，当它们第一次经过近银河系点时，可能会撞进我们的星系。

麦哲伦云

这张摄于智利拉西亚天文台的照片上，我们可以在右上角清晰地看见大小麦哲伦云，而银河在照片左侧。

麦哲伦的一位水手，安东尼奥·皮加费塔，在他们 1519 年至 1522 年的环球航行期间在航海日志上提到过这两个星云：

"南天极的星星不如北天极那么多。因为我们看到两个小小的星团，像两朵云，互相之间有一点距离，有点模糊，其中有两颗不太大也不怎么亮的星星一闪一闪地移动着。"

星 座

全球定位	任何地方
全天定位	任何地方
何时观察	全年夜间
如何观察	裸眼，用双筒望远镜能看到更多星星

一直以来，人们都会把星星们互相关联。它们看起来好像组合出了一些特殊的几何图形或者图案：这就是我们所说的星座。

越亮的星星就越近吗？

恒星的种类有很多，根据一些固有特征可以计算出光度。这使得通过肉眼看亮度来判断距离变得非常困难。我们可能认为看到一颗很暗的星星就意味着它很遥远，但实际上它离我们可能非常近，只是本身就很暗，反之亦然。

大部分情况下，同一星座中的恒星之间并没有任何联系。甚至，它们与地球之间的距离通常都大相径庭。虽然按照星座给天空分区看起来十分随意，但确实能使我们通过辨别已知的固定图形快速地确认自己的位置。很多星座的名字都带有神话色彩，很多星星都有着阿拉伯语的名字。传统经历几个世纪的不断变化，星座的形状和它们的名字几乎不再相关。南半球的一些星座由于划分和命名的时间相对较晚，名字就不如北半球的星座那样充满诗意。"气泵"（唧筒座）就是这种情况的典型代表，由尼古拉－路易·德·拉卡伊神父于 1752 年划分命名。全天一共有 88 个星座，我们在此将选择一些进行介绍。

恒星的名字

星座中的星星通常以一个希腊字母命名——在星座的原名之后，从星座中最亮的开始，按照字母表的顺序（α、β、γ……）添加。但人们也使用古代就被命名的那些明亮的星星原本的名字。

这张星空图给出了北半球可见的星座的图案和星星的名称。

Antique Sky Map （古星图）

北天拱极星座

全球定位	北半球
全天定位	北天极附近
何时观察	全年夜间
如何观察	裸眼，用双筒望远镜能看到更多星星

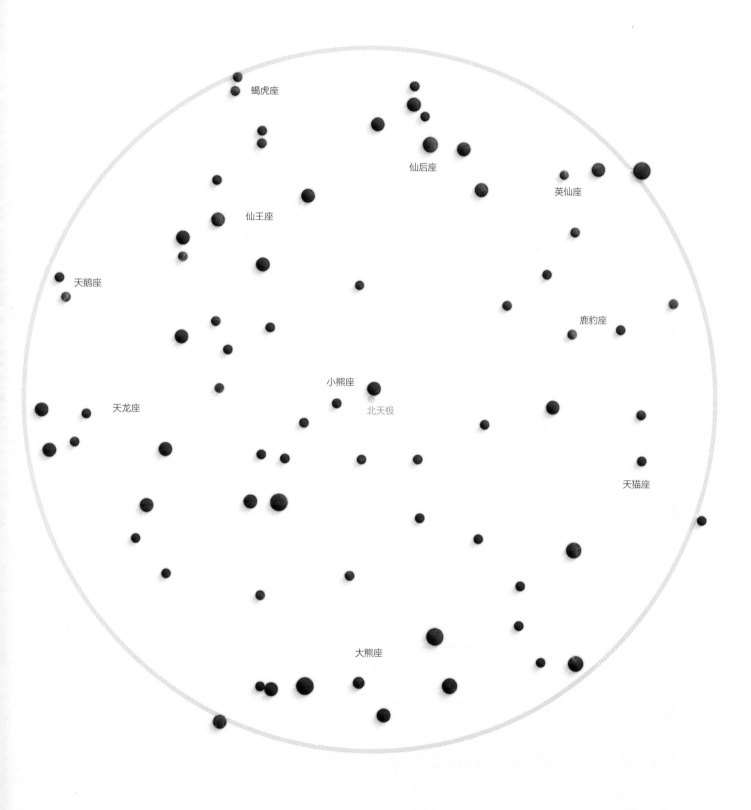

蝎虎座

仙后座

英仙座

仙王座

天鹅座

鹿豹座

小熊座

北天极

天龙座

天猫座

大熊座

拱极星座

北半球中纬度地区初秋所见星空。

其中有一些全年可见的星座，它们靠近北天极，看起来绕着北天极旋转。

地球自转轴的位置由北极星标出，它位于小熊座的尾巴末端。

大熊座（Ursa Major）

全球定位	北半球
全天定位	北天极周围
何时观察	全年夜间
如何观察	裸眼，用双筒望远镜能看到更多星星

人们有时也叫它"大推车"（即"北斗七星"。——译者注），但我们更容易看到的是一个长柄锅的形状。由于它在离北天极不远的位置绕其旋转，它全年都可见，只是离地平线时近时远。它在初春较高，秋季较低，紧贴北方地平线。整个星座比由最亮的七颗星组成的长柄锅形状的范围要大得多，这七颗星位于大熊的臀部和尾部。其余的部分，尤其是它的四肢，都是由暗弱的星星构成，经常被忽略。

双星

从大熊的尾巴末端数起的第二颗星是一对双星：开阳（Mizar，源自阿拉伯语，意为"围裙"。——译者注）是较亮的一颗，开阳增一（Alcor，源自阿拉伯语，意为"被遗忘者"。——译者注）是较暗的一颗。它们都在距离我们约 80 光年的位置，用裸眼就不难将它们分辨开。它们之间并没有通过引力维持的关系，所以并不是真正的双星系统。开阳有一颗绕着它转的伴星，只能通过望远镜看到，它们才形成了一个真正的双星系统。开阳增一也有一颗伴星，但更加黯淡。

星系

大熊座中有好几个被 18 世纪的天文学家夏尔·梅西耶（Charles Messier）编入星表的美丽星系。这份星表中有 110 个弥散状天体（星团、星云和星系），它们的名称都以梅西耶的首字母 M 开头，之后是序号。星系 M81、M82（也叫雪茄星系）、M101（也叫风车星系）、M108 和 M109 都在大熊座中。观察它们需要一架小型天文望远镜，但用双筒望远镜就能在足够黑暗的夜空中捕捉到前三个。

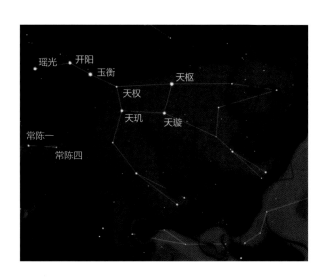

这张图像由免费软件 Stellarium 生成，展示了大熊星座的全貌，它是天空中最大的星座之一。

M101，风车星系

这个旋涡星系距离我们 2300 万光年，比我们的银河系更大，几乎是正面朝向我们。它与瑶光（Alkaïd，源自阿拉伯语，意为"送葬者"。——译者注）和开阳构成了一个正三角形，位于大熊尾巴末端的上侧，这使得我们用双筒望远镜很容易找到它。

小熊座（Ursa Minor）

全球定位 北半球

全天定位 北天极周围

何时观察 全年夜间

如何观察 裸眼，用双筒望远镜能看到更多星星

　　小熊座也被称为"小推车"，我们看到的也是一个类似长柄锅的形状（手柄的弯曲方向和大熊座相反）。

免费软件 *Stellarium* 生成的小熊座图像。

北极星

　　小熊座尾巴末端的星是最值得关注的，因为它是北极星（Polaris），指示北方，在法国本土看大约位于地平线上方 45 度。这是一颗距离我们 430 光年的巨星。我们从大熊座"大推车"的头部那颗星开始，将最亮的两颗星——大熊座 α 和 β（天枢和天璇）之间的距离自 β 向 α 方向延长 5 倍，就很容易找到它。北极星和地球自转轴在天空中的投影之间的距离小于 1 度，因此全天所有的星星在夜间看起来都在绕着它转。面向北方用三脚架架设一台相机，让它在几分钟内（几小时更好）持续曝光，就能将这一现象以十分壮观的方式展示出来。照片显示出星星绕着北极旋转划出的一段段圆弧。

分点的进动

　　北极星只是"暂时地"位于地球自转轴指向的方向。地球的自转轴实际上在太空中以 26000 年为周期划出一个圆锥形，有点像陀螺的轴，只是非常慢。这使得季节对应的日期慢慢地发生变化，因此这一现象被称为分点的进动。照这样下去，大约 12000 年后织女星（天琴座的亮星）将成为我们的北极星，而北极星在此后大约 14000 年又将重新找回它的岗位。

天空绕着北天极旋转

在这张固定方向曝光时间三小时的照片上，我们看到星星围着北天极旋转，这其实是地球自转产生的效应。我们能清楚地看到北极星（左侧最亮的星）距离地球自转轴非常近，它几乎不动。注意，这张长曝光照片上没有任何飞机留下的轨迹，因为这是在 2020 年新冠疫情隔离期间拍摄的。

仙后座（Cassiopeia）

全球定位	北半球
全天定位	北天极周围
何时观察	全年夜间
如何观察	裸眼，用双筒望远镜能看到更多星星

仙后座位于北极星另一侧和大熊座几乎对称的位置，因此当它接近地平线时大熊座正高高挂在空中，反之亦然。组成这个星座的星星在天空中构成一个标志性的 W 形，它们看起来亮度差不多，距离却相差很大，这一切完全是因为巧合，它们中那些更远的星恰好更亮。它们和地球的距离分别是 440、100、550、230 和 54 光年（按照 W 形从左到右的顺序）。仙后座 γ［策，Navi，英文名来源于阿波罗任务宇航员维吉尔·伊万·格里森（Virgil Ivan Grissom）将自己的中间名倒过来写。——译者注］，也就是"W"中间的那颗星，是一颗变星。它的**星等**在 1.6 和 3 之间变化且没有确定的周期。这个现象似乎是包裹这颗恒星的气体量的变化造成的。

在希腊神话中，卡西俄珀亚（仙后座）是埃塞俄比亚国王刻甫斯（仙王座，在天空中和仙后座相邻）的妻子，她宣称她的女儿安德洛墨达（仙女座）比以美貌著称的海中仙女们都美。为了惩罚她的傲慢，众神判她升到空中绕着天极旋转。

星等

一颗恒星的星等和它的光度有关。

它的尺度由前人定义，从最亮的第一等（星等为 1）到裸眼观察极限的第六等（星等为 6）。

因此，星等数值大反而意味着星星黯淡。星等相差 1 意味着光度相差 2.5 倍。有些被称为变星的星星，它们的星等有规律或者不规律地变化着。

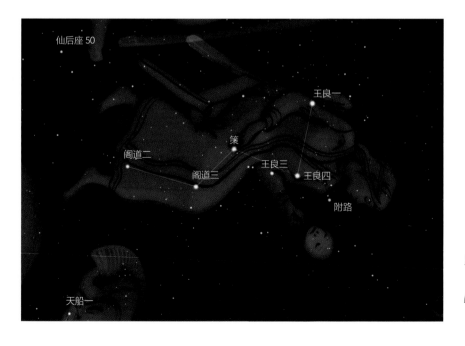

免费软件 Stellarium 生成的仙后座图像。

星团 NGC7789
这个星团距离我们 6000 光年，包含着大约 15 亿年前由同一气体云形成的几千颗恒星。我们能通过双筒望远镜在仙后座 W 形的右侧看到它。

164

北半球夏季星座

全球定位　北半球

全天定位　天顶和南方地平线之间

何时观察　夏季上半夜

如何观察　裸眼，用双筒望远镜能看到更多星星

夏季星座

这张图展示了夏季上半夜在北半球中纬度地区看向南方时所见的星空。

图片上方最亮的三颗星，天津四、织女星和河鼓二（牛郎星），整个季节每天的上半夜都在我们头顶上方形成一个明显的三角形：这就是"夏季大三角"。

武仙座（Hercules）

全球定位 北半球

全天定位 靠近天顶

何时观察 夏季上半夜

如何观察 裸眼，用双筒望远镜能看到更多星星
和一个球状星团

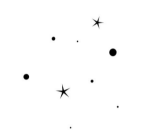

想要找到这个星座，需要在空中找到武仙座 π（女床一）、η（天纪增一）、ε（天纪三）和 ζ（天纪二）构成的梯形。它和位于天鹅座十字形中心的天津一（Sadr，源自阿拉伯语，意为"母鸡的胸部"。——译者注）、天琴座的织女星在一条线上，只要将这两颗星之间的距离自天津一向织女星方向延长 1 倍就能找到梯形的中间，这就是武仙座的主体。

在没有光污染的漆黑的夜空中，我们裸眼就能看到在武仙座 η 和 ζ 之间（距离前者三分之一处）有一个小小的乳白色斑点：这是球状星团 M13（位于夏尔·梅西耶制定于 18 世纪的星表第 13 位）。它是一个十分密集的星团，直径 170 光年的球形空间中包含着数十万颗恒星。它距离我们 25000 光年，用双筒望远镜能很清楚地看到。用天文望远镜看它时能够分辨出单个的恒星，十分壮观。

免费软件 Stellarium 生成的武仙座图像。

球状星团 M13

天鹅座（Cygnus）

全球定位 北半球

全天定位 靠近天顶

何时观察 夏季上半夜

如何观察 裸眼，用双筒望远镜能看到更多星星和星云

　　这个象征着一只飞翔的天鹅的星座在空中呈现出一个沿着银河展开的十字形，这使我们非常容易在天空中找到它。位于十字顶端（也是天鹅的尾巴）的主星天鹅座 α（天津四，Deneb）是一颗非常明亮的超巨星，颜色偏蓝（表面温度约 9000 摄氏度），它的直径是太阳的 300 倍。它距离我们 3000 光年，隔着这样的距离，我们用小型天文望远镜才可能勉强看到太阳。天鹅座 β（辇道增七，Albireo，源自阿拉伯语，意为"母鸡的喙"。——译者注）标记了十字的末端（天鹅的眼睛）。这是一对距离我们 390 光年的双星，用双筒望远镜看它们会非常有趣，因为较亮的那颗星呈偏橘色而另一颗呈偏蓝色。

免费软件 *Stellarium* 生成的天鹅座图像。

天鹅座中的星云

在明亮的天津四上方有一些明亮的气体星云，它们呈现出电离氢典型的红色。当和天津四同类型的炽热的恒星发出的紫外辐射电离了周围的气体时，我们就会看到这样的星云。这里我们看到的两个星云，北美洲星云和鹈鹕星云，都因为它们令人浮想联翩的形状而得名，前者的轮廓令人联想到北美洲，而后者令人联想到一只有着大喙的鸟。它们距离我们约 2000 光年远。

天琴座（Lyra）

全球定位 北半球

全天定位 靠近天顶

何时观察 夏季上半夜

如何观察 裸眼，用双筒望远镜能看到更多星星

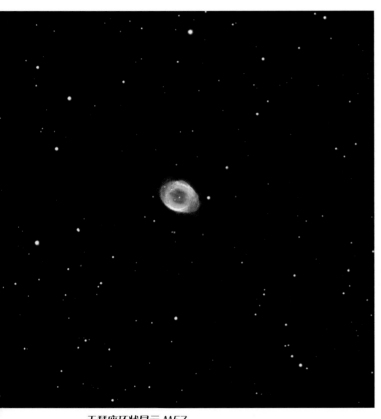

天琴座环状星云 M57

这个小小的星座因为织女星的存在而广为人知，这颗浅蓝色的亮星（表面温度约 1 万摄氏度）在初夏的夜晚高高挂在我们头顶。它距离我们只有 25 光年，这使它看起来更加明亮。它是夏季夜空最明亮的星。在它旁边，我们能看到天琴座 ϵ^1、ϵ^2（二者合为织女二）。它们是一个四重星系统中肉眼可见的两颗。眼力好的朋友们能分辨出这是一对双星。借助双筒望远镜能够清楚地将它们分辨开，用天文望远镜则可以看到它们各自还有一颗伴星。天琴座 β（渐台二，Sheliak，源自阿拉伯语，意为"竖琴"。——译者注）是一对食双星，每 13 天会有几小时亮度下降，星等从 3.3 降至 4.3。它距离我们约 1000 光年。

星云 M57 在渐台二和渐台三（Sulafat）的正中间，用天文望远镜观察时看起来像一个小小的烟圈。这种类型的天体因为通常呈明亮的盘状而被称为行星状星云，但它和行星没有任何关系。实际上这种星云是由一个和太阳同类型的恒星爆炸形成的，发生在它演化的更进一步阶段。

免费软件 Stellarium 生成的天琴座图像。

天鹰座（Aquila）

全球定位	北半球
全天定位	天顶和南方地平线之间一半高度
何时观察	夏季上半夜
如何观察	裸眼，用双筒望远镜能看到更多星星

天鹰座位于银河内，在天鹅座下方，因为有明亮的河鼓二（天鹰座 α，牛郎星，Altair，阿拉伯语 Al nasr al-ṭā'ir 的缩写，意为"飞翔的大鹫"。——译者注）而很容易找到。河鼓二距离我们仅 17 光年，呈现美妙的白色光辉（表面温度约 8000 摄氏度），它和天琴座的织女星、天鹅座的天津四共同构成了著名的"夏季大三角"，整个夏季每天的上半夜都高悬在身处中纬度地区（比如法国本土）人们的头顶。

天鹰座 η（天桴四，Almizan II）是一颗脉动变星，它的亮度变化周期为 7 天 4 小时，星等在 3.5 和 4.3 之间浮动。当它的星等达到最小后，亮度会发生明显的下降。

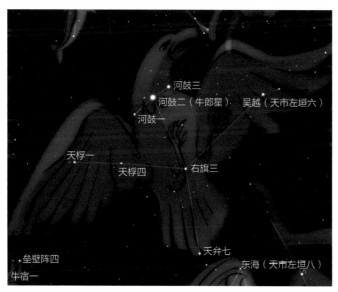

免费软件 Stellarium 生成的天鹰座图像。

由天津四（左上）、织女星（右上）和河鼓二（下）构成的"夏季大三角"。

173

天蝎座（Scorpius）

全球定位	北半球（或南半球冬季高空）
全天定位	南方地平线上
何时观察	夏季上半夜
如何观察	裸眼，用双筒望远镜能看到更多星星和星云

在北半球中纬度地区天蝎座始终很低，靠近南方地平线，可以借助亮星心宿二（Antarès，源自古希腊语，意为"火星的敌手"。——译者注）找到它。心宿二是一颗红超巨星，呈偏橘色，它的直径大约是太阳的 800 倍（如果它处于太阳的位置上，我们的地球将在其内部），表面温度约 3500 摄氏度。它比太阳亮 1 万倍，距离我们 600 光年。这是一颗变星，它的星等以将近 5 年的周期在 0.8 和 1.8 之间变化。

天蝎座 δ（房宿三，Dschubba，源自阿拉伯语，意为"蝎子的前额"。——译者注），在天蝎座顶部，它在 2000 年 7 月突然增亮，自此之后它的亮度从未停止过波动，甚至达到过 1.6 等，而它通常是 2.4 等。也就是说它看起来是平时的两倍亮。

球状星团 M4 在心宿二的附近，它距离我们 7200 光年，用双筒望远镜能够清晰地看到。在天蝎座尾部还有一个小星团 M7，用双筒望远镜看同样十分美丽。

免费软件 Stellarium 生成的天蝎座图像。

M7 星团

这个星团距离我们 1000 光年，包含着一百多颗浅蓝色的恒星。据估计它们的年龄约 2 亿年，和年龄 45 亿年的太阳相比十分年轻。用双筒望远镜在天蝎座尾端很容易看到 M7，夜空足够黑时我们甚至用裸眼就能看到它。

礁湖星云

人马座（Sagittarius）

全球定位　北半球（或南半球冬季高空）

全天定位　南方地平线上

何时观察　夏季上半夜

如何观察　裸眼，用双筒望远镜能看到更多星星和星云

在北半球中纬度地区人马座始终很低，靠近地平线，并且它没有特别亮的星，在那里能看到我们的银河系的一条几乎连贯的旋臂。用双筒望远镜可以找到很多星云和星团，尤其是在箭的沿线，这部分的银河格外明亮。在照片上我们能看到一些发出淡红色光的云，这是因为那里有被年轻恒星发出的大量紫外辐射电离的气体（主要是氢）存在。人马座最明亮的星云是礁湖星云（Lagune，M8），距离地球 4100 光年。它包含着一个由年轻明亮的恒星构成的星团，因此甚至用裸眼就能够看到。

法国看到的人马座

在法国本土我们主要能够看到露出地平线的人马座的身体上半部分。盎格鲁 - 撒克逊人把它称作 teapot，因为他们认为看到了一个茶壶的形状，茶壶的盖子由箕宿二（Kaus Media，源自阿拉伯语和拉丁语，意为"弓的中间"。——译者注）、斗宿二（Kaus Borealis，意为"弓的北部"。——译者注）和 斗宿一（Namalsadirah）构成。茶壶的手柄在斗宿四（Nunki）一侧，壶嘴由箕宿二、箕宿三（Kaus Australis，"弓的南部"。——译者注）和箕宿一（Alnasl，源自阿拉伯语，意为"箭尖"。——译者注）构成，银河的光晕看起来好像从壶嘴中冒出的白气。

对这一星座的传统描述是一个向着天蝎座张弓搭箭的半人马，如果我们顺着这个方向看下去，就会看到手握标枪朝向天蝎座的半人马座。

我们的星系的中心

人马座包含着我们银河系的中心，但它被尘埃遮挡，只能在射电和红外波段观测到。近期的观测发现其中心的射电源人马座 A 是一个质量约为太阳 400 万倍的黑洞。

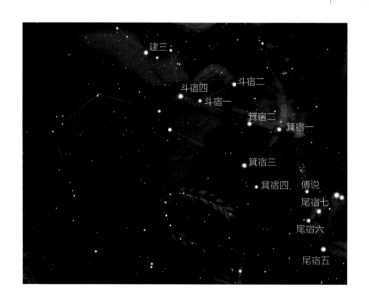

免费软件 Stellarium 生成的人马座图像。

北半球秋季星座

全球定位	北半球
全天定位	天顶和南方地平线之间
何时观察	秋季上半夜
如何观察	裸眼，用双筒望远镜能看到更多星星

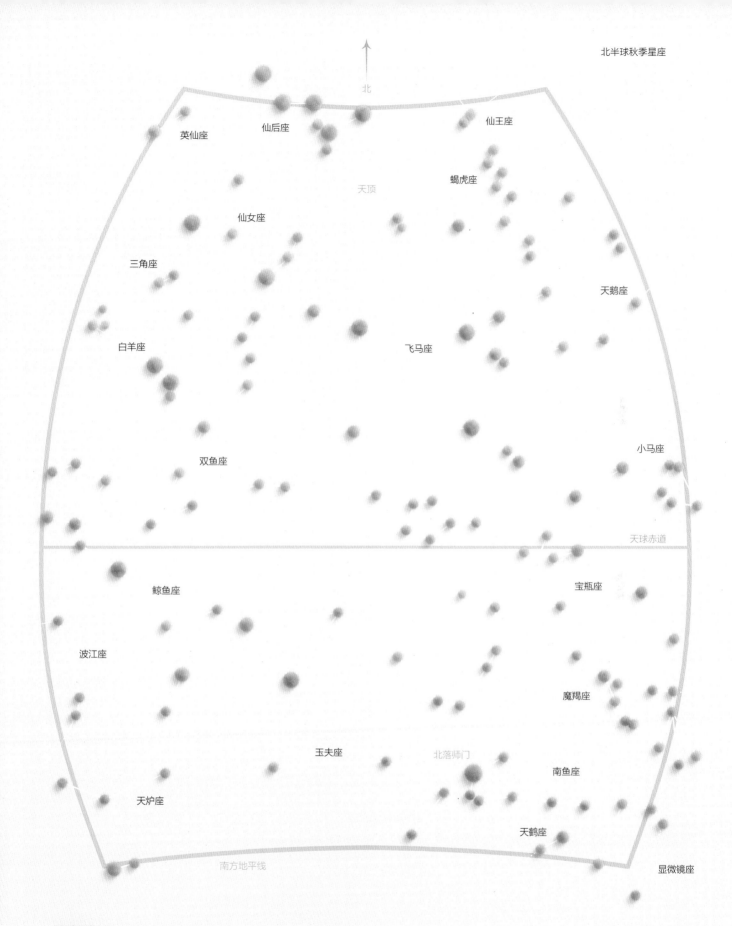

秋季星座

这张图展示了秋季上半夜在北半球中纬度地区看向南方时所见的星空。我们此时看的是银河系之外，在这个季节的星空中有趣的星座不多。

唯一引人注目的星星是南鱼座的北落师门，但它始终位于地平线附近的低处。

179

飞马座（Pegasus）

全球定位　北半球

全天定位　南方天空较高处

何时观察　秋季上半夜

如何观察　裸眼，用双筒望远镜能看到更多星星和一个球状星团

神话中的飞马在天空中占据着相当大的面积。这个星座最亮的三颗星和壁宿二（仙女座 α）构成的大方形裸眼就很容易找到。

就在飞马座大方形的右侧有一颗星值得注意，裸眼勉强能看到它，那就是飞马座 51。1995 年在上普罗旺斯天文台，就是在这颗恒星的周围发现了第一颗系外行星（绕着非太阳的恒星公转的行星），这项发现使米歇尔·马约尔（Michel Mayor）和迪迪埃·奎洛兹（Didier Quelloz）获得了 2019 年的诺贝尔奖。

我们用双筒望远镜还会注意到一个球状星团，M15。它位于马头上的两颗星，危宿二（Biham，源自阿拉伯语，意为"家畜"。——译者注）和危宿三（Enif，源自阿拉伯语，意为"鼻子"。——译者注）的延长线上，向外延长两星之间距离的一半处。

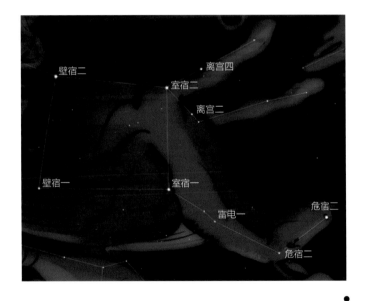

免费软件 *Stellarium* 生成的飞马座图像。飞马座 51 处于这张图可见度的极限，在马脖子上，室宿二（*Scheat*）和室宿一（*Markab*，源自阿拉伯语，意为"马鞍"。——译者注）的连线的右侧，1995 年在其周围发现了系外行星。

球状星团 M15

这个距离我们 33000 光年的星团用普通的双筒望远镜看起来就像一个模糊的球。它由 10 万多颗年老恒星组成，它们的年龄和宇宙本身相当。

仙女座（Andromeda）

全球定位　北半球

全天定位　天顶附近

何时观察　秋季上半夜

如何观察　裸眼，用双筒望远镜能更容易地看到
　　　　　　　仙女座星系

　　这个星座位于飞马座的左侧，既没有特别明亮的恒星，也没有特征结构。通过飞马座的大方形来找到它是最简单的。它有着北半球唯一裸眼可见的星系，M31 星系，观测条件是天空清朗且没有光污染。M31 星系也被称为仙女座星系，它距离我们 250 万光年。我们通过双筒望远镜就会看到，这是一个长长的相对延展的天体。M31 位于奎宿九（Mirach）和奎宿八（仙女座 μ）连线的延长线上。

　　在希腊神话中，安德洛墨达（仙女座）是一位公主，她是刻甫斯（仙王座）和卡西俄珀亚（仙后座）的女儿。她的母亲因为宣称自己的女儿的美貌胜过海中仙女而激怒了众神，安德洛墨达因此被罚全裸暴露在峭壁上，被一只海怪折磨。这只海怪就是鲸鱼座，但我们在仙女座下方看到的头部是双鱼座的。鲸鱼座在天空中的位置还要再低一些。

免费软件 Stellarium 生成的仙女座图像。

仙女座星系 M31，裸眼可见，用普通的双筒望远镜很容易看到。

北半球冬季星座

全球定位	北半球
全天定位	天顶和南方地平线之间
何时观察	冬季上半夜
如何观察	裸眼，用双筒望远镜能看到更多星星

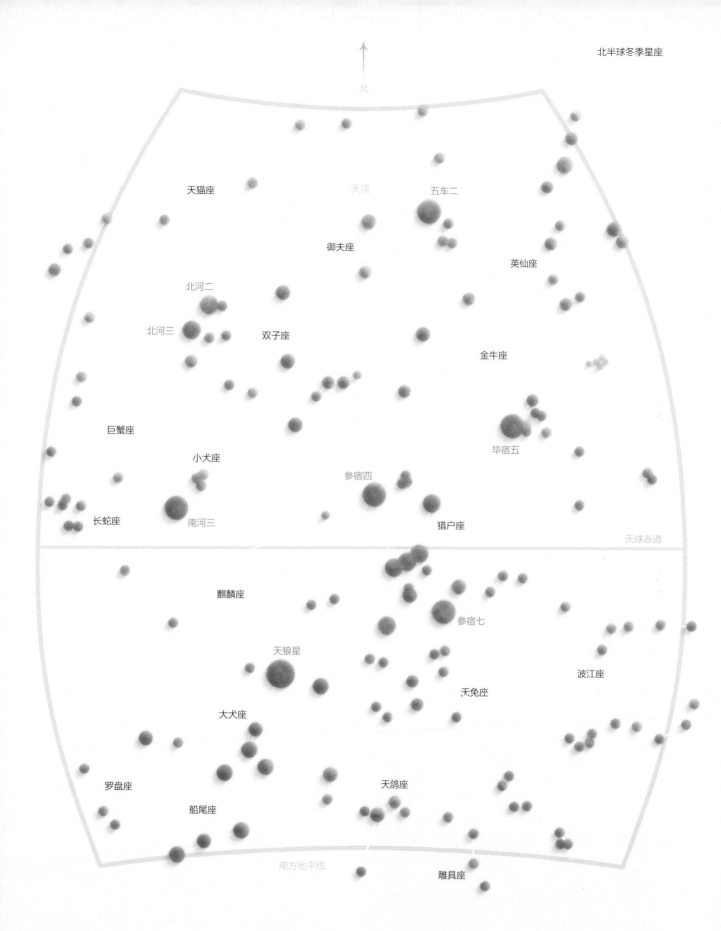

北

天顶

天猫座

五车二

御夫座

英仙座

北河二

北河三

双子座

金牛座

巨蟹座

毕宿五

小犬座

参宿四

南河三

长蛇座

猎户座

天球赤道

麒麟座

参宿七

天狼星

波江座

天兔座

大犬座

罗盘座

天鸽座

船尾座

南方地平线

雕具座

冬季星座

这张图展示了冬季上半夜在中纬度地区看向南方时所见的星空。

冬季星空有很多亮星，天狼星是最亮的。

英仙座（Perseus）

全球定位	北半球
全天定位	靠近天顶
何时观察	冬季上半夜
如何观察	裸眼，用双筒望远镜能看到更多星星和星团

我们每年 8 月中旬看到的流星雨的名字就来自这个星座，那些流星看上去像是从这个星座而来。

英仙座的第二亮星，英仙座 β（大陵五，Algol，源自阿拉伯语，意为"食人魔的头"。——译者注），是一对食双星，其亮度每 2 天 21 小时从 2.2 等下降到 3.5 等，持续 10 小时，这是双星中的一颗从另一颗前面经过时发生的现象。这一亮度变化在远古时期就被观察到了，它因此获得了阿拉伯语名字 al-ghūl（食尸鬼，恶魔生物），距离我们 93 光年。

英仙座中还有一对美丽的星团，英仙座 h 和 χ，裸眼就很容易在英仙座和仙后座的 W 形之间找到它们，用双筒望远镜看起来十分壮丽。

在传统解说中，珀耳修斯（英仙座）是希腊阿尔戈斯的国王，通常以战士的形象出现，手中提着他杀死的蛇发女妖美杜莎的头颅。他的上半身在安德洛墨达公主（仙女座）脚下，就是他把公主从海怪（鲸鱼座）手中救下，并娶为妻子。

免费软件 Stellarium 生成的英仙座图像。

英仙座双星团

英仙座 h 和 χ 这两个星团距离我们 7500 光年。它们各自都包含几百颗星，年龄将近 1200 万年，因此这些星和年龄 45 亿年的太阳相比都十分年轻。

御夫座中的星团和星云

图中从左至右分别是 M37、M36 和 M38 星团。还有散发着电离氢典型红色光芒的气体星云，只有用天文望远镜才能看到。

御夫座（Auriga）

全球定位 北半球

全天定位 靠近天顶

何时观察 冬季上半夜

如何观察 裸眼，用双筒望远镜能看到更多星星和星团

这个星座在英仙座和双子座之间形成了一个引人注目的多边形。它主要的恒星是五车二（御夫座 α，Capella，源自拉丁语，意为"小山羊"。——译者注），它是冬季夜空中除天狼星外最明亮的星。这是一颗有着和太阳一样颜色的巨星，离我们还比较近（42 光年）。我们可以在大熊座 α（天枢，Dubhe，源自阿拉伯语，意为"熊"。——译者注）和 δ（天权，Megrez，源自阿拉伯语，意为"熊尾巴的根部"。——译者注）的连线上找到它。

御夫座中有许多星团，其中 M36 和 M37 用双筒望远镜看起来就是五车四（Mahasim，源自阿拉伯语，意为"驾车者的腕部"。——译者注）和五车五（Elnath，源自阿拉伯语，意为"牛角"。——译者注）中间的两个模糊的小光斑。五车五实际上是金牛座的恒星，它标出了一只牛角的尖端。

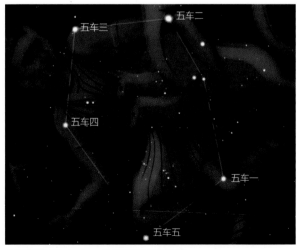

免费软件 Stellarium 生成的御夫座图像。

双子座（Gemini）

全球定位	北半球
全天定位	南方天空中较高处
何时观察	冬季上半夜
如何观察	裸眼，用双筒望远镜能看到更多星星和一个星团

　　这个紧邻御夫座的星座最容易通过它的两颗亮星找到：北河二（双子座 α，Castor）和北河三（双子座 β，Pollux）（Castor 和 Pollux 是宙斯和斯巴达王后勒达的双胞胎儿子的名字。——译者注）。一个比较简单的寻找北河三的方法是想象将大熊座 δ 和 β（天璇，Merak，源自阿拉伯语，意为"熊的侧腹"。——译者注）连线（手推车的一条对角线）并将它延长 4 倍。北河二是一个复杂的多星系统，其中有至少 6 颗恒星在引力的作用下互相绕转。天文望远镜能够分辨出 3 颗。它比北河三暗一些，却被命名为双子座 α，这不禁使人怀疑它曾经是不是更亮一些。

　　井宿五（双子座 ε，Mebsuta，源自阿拉伯语，意为"狮子伸出的爪子"。——译者注）位于星座的中央，它是一颗超巨星，直径约是太阳的 150 倍，但它看起来并不是特别亮，因为它距离我们非常遥远，有 900 光年。

M35 星团

M35 星团通过双筒望远镜清晰可见，它位于双子中北河二一边的脚部，在井宿一（Tejat，意为"后脚"。——译者注）的上方。

蛇妖星云

这个形状奇异的星云是一次超新星爆炸的遗迹。它离 M35 和井宿一很近，但需要天文望远镜才能看到。

免费软件 Stellarium 生成的双子座图像。

189

金牛座（Taurus）

全球定位 北半球

全天定位 天顶和南方地平线之间一半高度处

何时观察 冬季上半夜

如何观察 裸眼，用双筒望远镜能看到更多星星和星团

我们能在冬季星空中英仙座和御夫座的下方找到金牛座。它的主星毕宿五（金牛座 α，Aldebaran，源自阿拉伯语，意为"追随者"。——译者注）是一颗红巨星，它的直径超过太阳的 40 倍。它的表面温度约为 3500 摄氏度，因此颜色偏橘色。它距离我们 65 光年。这颗恒星在同属于毕星团（Hyades）的一组恒星构成的 V 形的一个分支末端。毕星团距离我们 150 光年，包含着 300 多颗恒星，它们在约 6 亿年前同时诞生。

昴星团

金牛座中另一个值得注意的星团是昴星团，盎格鲁 - 撒克逊人称它为 Seven Sisters，七姐妹，因为眼力特别好的人裸眼能看到 7 颗星。我们朝这个位置匆匆一瞥只能看到一个模糊的光斑，但如果集中注意力，就能在这个位置看到 5 颗或 6 颗星构成一个微型的北斗七星（大熊座）的形状（有些人会因此混淆昴星团和小熊座）。这个星团在空中延伸的范围和月亮相当，用双筒望远镜能看到十来颗星星，十分壮观。它距离我们大约 400 光年。

昴星团比毕星团更年轻，估算年龄只有将近 1 亿年。长曝光照片揭示了其中尘埃的存在，它们是孕育了这些恒星的分子云的残骸。这些尘埃反射着星团中恒星的光芒，随着时间推移慢慢散开，星团中的星星也逐渐彼此远离。

免费软件 Stellarium 生成的金牛座图像。

昂星团

猎户座（Orion）

全球定位	北半球（或南半球夏季天空高处）
全天定位	天顶和南方地平线之间一半高度处
何时观察	冬季上半夜
如何观察	裸眼，用双筒望远镜能看到更多星星和一个星云

猎户座是冬季星空中最美的星座之一。它呈一个矩形（由参宿四、参宿五、参宿六、参宿七构成。——编者注），中间被三颗间隔均匀的星沿对角线方向划开，传统解读中它们构成了奥赖恩（神话中巨人族出身的猎人）的腰带。腰带上的三颗星（指参宿一、参宿二、参宿三。——编者注）光度相近，距离我们分别为 820、1340 和 920 光年。它们都是炽热的偏蓝色恒星。这七颗星中最右边的一颗，参宿七，是已知恒星中最热的之一，它的表面温度超过 1 万摄氏度。

免费软件 Stellarium 生成的猎户座图像。

超巨星参宿七（Rigel）和参宿四（Betelgeuse）

猎户座最亮的星是参宿七（猎户座 β，Rigel，源自阿拉伯语，意为"左腿"。——译者注），它标记了猎户座大矩形的右下角，在它的对角（左上）是参宿四（猎户座 α，Betelgeuse，源自阿拉伯语，意为"猎人之手"。——译者注）。参宿七是一颗蓝超巨星，表面温度超过 1 万摄氏度。它实际上是一个距离我们 800 光年的五颗星组成的复杂系统。参宿四是一颗红超巨星，它的直径约为太阳的 700 倍（如果它位于太阳的位置上，将吞噬水星、金星、地球和火星），表面温度勉强达到 3000 摄氏度，这也解释了它偏橘色的颜色。它距离我们 430 光年，表面有脉动现象，人们预计它会以超新星爆发的方式结束生命。它近几年显示出明显的光度变化，这可能是它生命即将到达终点的预兆。

猎户座大星云

著名的 M42 星云位于这个星座的矩形的下半部分，它紧靠着由伐三（猎户座 ι，Hatysa，源自阿拉伯语，意为"剑锋"。——译者注）标记的猎人佩剑的尖端。星云处于裸眼可见的极限，看起来像是猎户座 θ 旁边一块模糊的小光斑。我们用双筒望远镜可以很清晰地看到它，用一架小型天文望远镜甚至可以分辨出组成"猎户四边形"的四颗星：就是它们通过电离周围的气体使得猎户座大星云发光。猎户座 θ 是一个多星的复杂系统，"猎户四边形"也是其中的一部分。

猎户座大星云

192

巨蟹座（Cancer）

全球定位　北半球

全天定位　天顶和南方地平线之间一半高度处

何时观察　冬季上半夜

如何观察　裸眼，用双筒望远镜能看到更多星星和一个星团

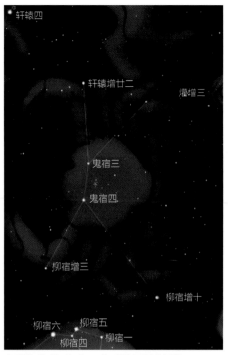

免费软件 *Stellarium* 生成的巨蟹座图像。

　　这个位于双子座东南方的星座没有任何特别明亮的恒星，但有一个美丽的星团，鬼宿星团（Praesepe），也被称为蜂巢星团（M44），裸眼可见，用双筒望远镜看更加壮观。这个星团很容易找到，它位于标记着星座中心的两颗星星——鬼宿三（Asellus Borealis，源自拉丁语，意为"北方的小驴子"。——译者注）和鬼宿四（Asellus Australis，源自拉丁语，意为"南方的小驴子"。——译者注）之间。

鬼宿星团（M44）

大犬座（Canis Major）

全球定位　北半球（或南半球夏季天空高处）

全天定位　南方地平线上

何时观察　冬季上半夜

如何观察　裸眼，用双筒望远镜能看到更多星星
和一个星团

　　这个星座位于猎户座腰带向左的延长线上。沿着这个方向数8倍腰带［由参宿一（Alnitak，源自阿拉伯语，意为"腰带"）、参宿二（Alnilam，源自阿拉伯语，意为"一串珍珠"）和参宿三（Mintaka，源自阿拉伯语，意为"腰带"）构成。——译者注］的距离，我们就能找到天空中最明亮的星，天狼星（大犬座 α，Sirius，源自拉丁语、古希腊语，意为"热烈"。——译者注）。它距离我们只有8.6光年。它的直径是太阳的2倍，表面温度接近1万摄氏度，使它发出明亮的白色光芒，微微偏蓝。由于天狼星始终非常接近地平线，我们常能看到它的光芒明显地颤动，有时看起来甚至在闪烁。大气折射对光线的色散作用增加了这一现象的可观赏性，有时甚至仿佛能看到天狼星发出彩色的光芒。天狼星有一颗用天文望远镜才能看到的伴星，它是一颗白矮星，被命名为天狼星B，以50年为周期绕着天狼星旋转。

　　天狼星下方不远处有一个美丽的星团，M41，但要用双筒望远镜才能看见。

免费软件 Stellarium 生成的大犬座图像。

M41 星团

北半球春季星座

全球定位	北半球
全天定位	天顶和南方地平线之间
何时观察	春季上半夜
如何观察	裸眼，用双筒望远镜能看到更多星星

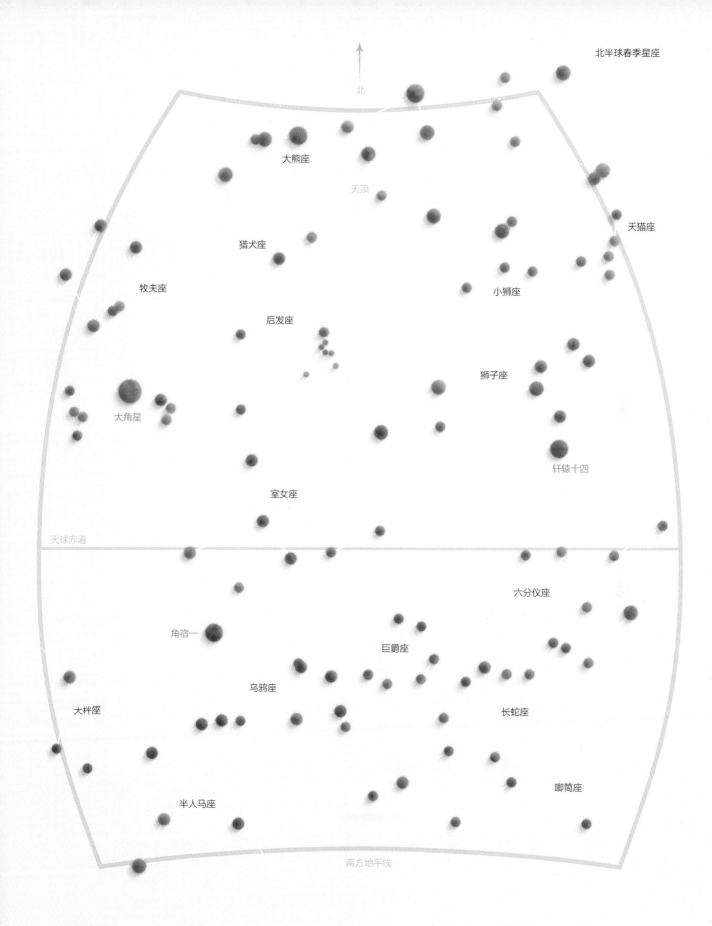

北

大熊座

天顶

猎犬座

天猫座

牧夫座

小狮座

后发座

狮子座

大角星

轩辕十四

室女座

天球赤道

六分仪座

角宿一

巨爵座

乌鸦座

大桿座

长蛇座

唧筒座

半人马座

南方地平线

春季星座

这张图展示了春季上半夜在中纬度地区看向南方时所见的星空。我们此时看的是银河系之外，在这个季节的星空中有趣的星座
不多。春季最引人注目的星是牧夫座的大角星、狮子座的轩辕十四和室女座的角宿一。

狮子座（Leo）

全球定位　北半球

全天定位　天顶和南方地平线之间一半高度处

何时观察　春季上半夜

如何观察　裸眼，用双筒望远镜能看到更多星星

　　狮子座的大体形状确实能使人联想到它代表的动物，这在星座中比较少见。我们将大熊座 α 到 β（天枢到天璇）的连线距离向外延伸 7 倍就很容易找到狮子座。小熊座在天璇到天枢向外延伸 5 倍距离的位置，因此狮子座几乎是在小熊座的对侧。狮子座的前半部分，按顺序分别是轩辕十四（Regulus，源自拉丁语，意为"王子"。——译者注）、轩辕十三（Al Jabhah，源自阿拉伯语，意为"前额"。——译者注）、轩辕十二（Algieba，源自阿拉伯语，意为"额头"。——

译者注）、轩辕十一（Adhafera，源自阿拉伯语，意为"狮子的鬃毛"。——译者注）和轩辕九（Algenubi，源自阿拉伯语，意为"狮头的南面"。——译者注），它们构成了一个明显的镰刀形状，因此盎格鲁－撒克逊人称它为 The Sickle（镰形星群。——译者注）。

　　狮子座中最亮的星是轩辕十四（狮子座 α），位于狮子的前脚末端。这是一颗富含氦的恒星，表面温度非常高（高于 15000 摄氏度），高温赋予了它偏蓝的颜色。它的直径约为太阳的 4 倍，距离我们 77 光年。

　　五帝座一（狮子座 β，Denebola，源自阿拉伯语，意为"狮子的尾巴"。——译者注）标出了狮子的尾巴。它的温度约 1 万摄氏度，因此不如轩辕十四那么蓝。虽然它和我们的距离只有轩辕十四和我们距离的一半（36 光年），但它看起来还是更暗一些。

免费软件 Stellarium 生成的狮子座图像。

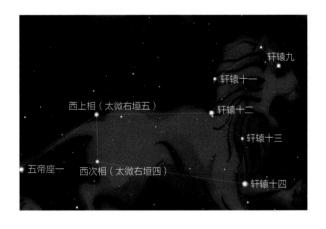

　　"在智利拉西亚天文台观测的时候，我被北方一个我认不出来的星座吸引了注意力。但从它在天空中的位置可以判断，身处法国肯定也能够看到它，我应该认识它。我想到了一个办法，我双手抓着 1.52 米口径望远镜所在露台的栏杆仰身，这样我就能够头朝下来观察这个星座，并看到和在北半球时相同的图像，我随即认出这是狮子座！我因此意识到，一个我们再熟悉不过的图样倒过来看的时候也会变得难以辨认。"

——米歇尔·马塞兰

狮子座星系团
这个星系团距离我们 3 亿光年，包含一百来个星系，其中大部分是旋涡星系。它也被称为阿贝尔1367，位于狮子座尾端亮星五帝座一的上方，但需要用天文望远镜才能分辨出这个遥远的星系团中的星系。

牧夫座（Bootes）

全球定位 北半球

全天定位 靠近天顶

何时观察 春季上半夜

如何观察 裸眼，用双筒望远镜能看到更多星星

我们可以通过大角星（牧夫座 α，Arcturus，源自古希腊语，意为"熊的看守者"。——译者注）来找到这个位于后发座东方的星座。大角星是一颗红巨星，距离我们相对较近，只有 37 光年。它的直径是太阳的 25 倍，它实际上是春季星空中最亮的。它的表面温度（4000 摄氏度）略低于太阳，因而呈现偏橘的黄色。它的颜色看起来和火星差不多。

牧夫是一个看管和放牧牛群的角色，但星座的名字由来并不是很明确，有好几个版本，都和希腊神话相关。在这些故事中，我们可以选择关于女神卡利斯托（Callisto）的这一个，她和宙斯（Zeus）有一个儿子，名叫阿耳卡斯（Arcas，古希腊语为 Arktos。——译者注）。宙斯的妻子赫拉（Hera）发现了这一关系，便将卡利斯托变成了一只熊。阿耳卡斯成年后外出狩猎，遇见了变成熊的母亲却没有认出她，并试图猎杀这只熊。为了避免悲剧的发生，宙斯便将两人都变成了星座：大熊座和它的守护者。因此牧夫座其实是大熊座的守护者，就像它的主星名字 Arcturus 暗示的那样（古希腊语中 arktos 意为"熊"，ouros 意为"守护者"。——译者注）。

球状星团 *M3*

这个星团位于猎犬座内，但与牧夫座的右侧相接。虽然它距离我们有 34000 光年之远，但用双筒望远镜就能看到它。

免费软件 Stellarium 生成的牧夫座图像。

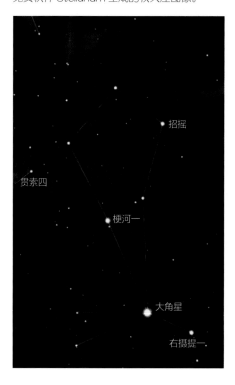

室女座（Virgo）

全球定位　北半球

全天定位　南方地平线上

何时观察　春季上半夜

如何观察　裸眼，用双筒望远镜能看到更多星星

室女座的延展范围甚广，超过大熊座，但不及88星座延展范围之首的长蛇座。它位于牧夫座和狮子座的下方，亮星很少。最引人注意的星是角宿一（室女座 α，Spica，源自拉丁语，意为"室女的麦穗"。——译者注），它的名字"穗"意指少女手中握着的麦穗。角宿一距离我们260光年，表面温度接近20000摄氏度，呈偏蓝色。

东次将（Vindemiatrix）在室女座中按光度排行第三。它的名字在拉丁语中意为"葡萄采摘者"，源于罗马时期，因为它和太阳同时升起标志着葡萄采摘的开始。室女座有一个包含着超过3000个天体的星系团。其中三十来个可以用中等大小的天文望远镜（口径200毫米）看到。室女座星系团距离我们约6000万光年，占据着本超星系团的中心。

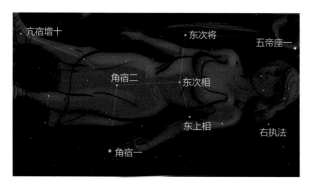

免费软件 Stellarium 生成的室女座图像。

室女座中的星系

201

南半球星座

全球定位	南半球
全天定位	南天极周围
何时观察	全年
如何观察	裸眼，用双筒望远镜能看到更多星星

去往南半球的旅行者会看到几个熟悉的星座，但它们上下颠倒，比如四脚朝天的狮子座。他们将看不到北半球的拱极星座，比如大熊座和仙后座，也不会看到北极星或者小熊座。南天极的方向没有引人注意的星，但我们可以大致确定它的位置，因为它几乎位于麦哲伦云和南十字的中间。后者是南天银河中值得注意的星座，南天银河格外明亮，因为银河系中心所在的人马座在七八月的上半夜几乎位于天顶，这时南半球是冬季。

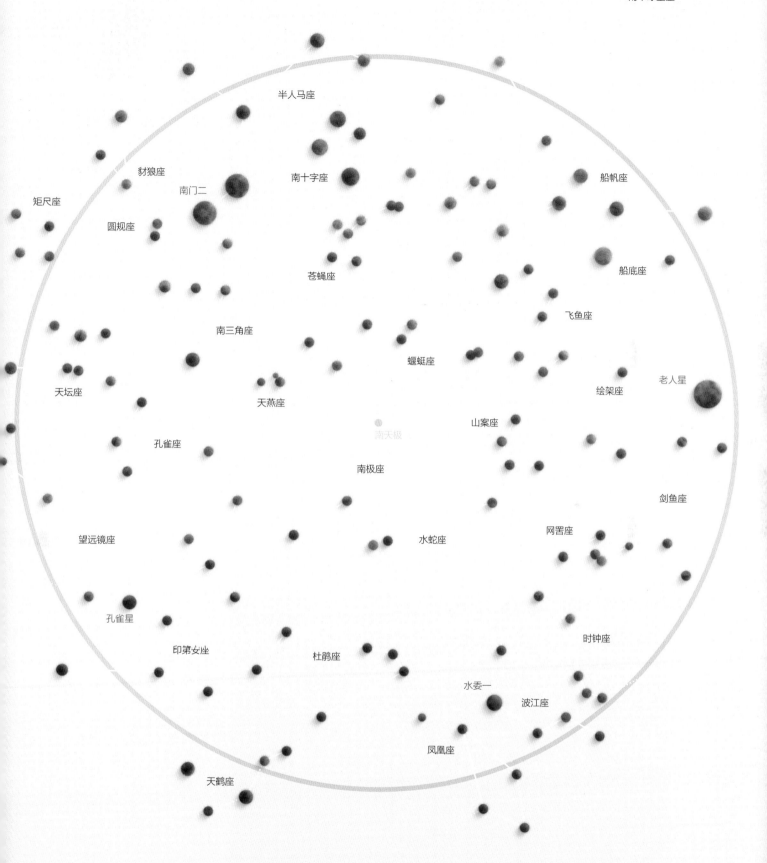

半人马座

豺狼座

矩尺座

南门二

南十字座

船帆座

圆规座

船底座

苍蝇座

飞鱼座

南三角座

蝘蜓座

天坛座

天燕座

老人星

绘架座

孔雀座

山案座

南天极

南极座

剑鱼座

望远镜座

网罟座

水蛇座

孔雀星

时钟座

印第安座

杜鹃座

水委一

波江座

凤凰座

天鹤座

这张图展示了秋季上半夜在南半球中纬度地区看向南方时所见的星空。

我们能看到一些全年可见的星座（上下颠倒，北半球中纬度永远不可见），因为它们靠近南天极，绕着它旋转。

南十字座（Crux）

全球定位　南半球

全天定位　靠近天顶

何时观察　秋季上半夜（南半球 4 月至 6 月）

如何观察　裸眼，用双筒望远镜能看到更多星星和星团

这个星座位于南天银河一个明亮的区域。南十字的形状由十字架二（南十字 α，Acrux）、十字架三（南十字 β，Mimosa）、十字架一（南十字 γ，Gacrux）和十字架四（南十字 δ）构成。（南天星座的命名历史不算久远，此处十字架一和二就是简单地由拜耳命名的拉丁语名缩写而来，十字架三的名字来源不明。——译者注）在它左上方，由尘埃构成的煤袋星云在银河这部分明亮的区域中显现出壮丽的剪影。继续向左边前进，我们就会找到半人马座的 α 星，南门二（Rigil Kentaurus，源自阿拉伯语，意为"半人马之足"。——译者注），绕着它转的是离我们最近的恒星半人马座比邻星（Proxima Centauri），距离只有 4.2 光年。南十字座的右侧是船底座，它是原南船座（Navire Argo）的一部分，在神话中是伊阿宋和阿尔戈号船员的船。

多重星座南船座

这个星座在 1750 年被天文学家尼古拉 – 路易·德·拉卡伊划分为三部分，包括船底座、船帆座和船尾座。包围着海山二（船底座 η，Eta Carinae）的明亮星云裸眼可见，在照片上看起来是一块美丽的玫瑰色光斑。众多的星云和星团装点着南天银河的这一区域，借助简单的双筒望远镜探索起来美不胜收。

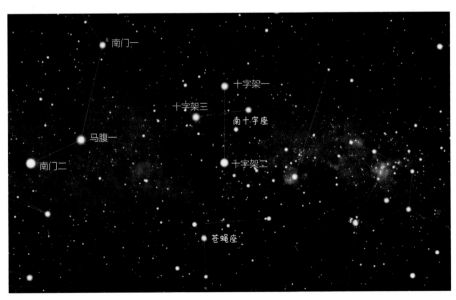

南十字座

这张图片由免费软件 Stellarium 生成，在它的中心我们能看到南十字座位于半人马座占据了整个图片左侧的双蹄之间。图片右侧是（南船座的）船底座。

宇 航 员 视 角

　　绕地飞行的宇航员也可以像地面上的观察者一样观察星座，恒星都非常遥远，宇航员所在的轨道距离并不足以改变他们观察星座的视角。即使是距离我们最近的比邻星也在 4 光年之外，用现有最快的航天引擎也要几千年才能到达。

这张南天银河的照片从半人马座一直延伸到船底座，中间经过位于图片中央的南十字座和煤袋星云。左侧的亮星是半人马座 α，右侧的红色亮斑是船底座星云，裸眼可见，用双筒望远镜可以看得很清楚。

光污染

全球定位	照明区域上方，尤其是大城市
全天定位	从地平线到天顶的任何位置
何时观察	亮灯时
如何观察	裸眼

路灯的发明可追溯到 18 世纪，在巴黎，甚至在 1789 年法国大革命之前就已经开始批量安装。200 多年来室外灯光的成倍增加造成了光污染，在城市上方形成的光晕范围越来越大。因此城市居民也越来越难看到星星和银河了。只有主要星座中那些最亮的星还能在尽量远离照明区域的时候被看到。

不可用的天文台

那些有着悠久历史的天文台通常都在大城市中心，它们不得不逐渐放弃观测。这就产生了兴建新的天文台的需求，并且选址要尽可能偏远，以获得尽可能暗的天空。然而寻找这样幸免于光污染的地方也变得越来越艰难。兴建于 20 世纪 30 年代，位于马赛北部 100 千米左右的上普罗旺斯天文台，如今也饱受周围城市的环境灯光困扰：东边的马讷和福卡尔基耶，南边的马诺斯克、佩尔蒂、普罗旺斯地区艾克斯和马赛。这些光污染对那些配备了高灵敏度探测器的望远镜的影响范围直达天顶。

前不久，随着 SpaceX 星链计划的开展，光污染开始出现在绕地轨道。这一项目预计发射 12000 个卫星到近地轨道，旨在实现覆盖全球的高带宽网络。考虑到拍摄夜空所需要的长曝光时间，在地面拍摄不受这些卫星轨迹影响的底片将变得越来越困难……

上普罗旺斯东侧的光污染
这张曝光时长为几分钟的照片上，星星留下了由于地球自转而形成的圆弧形轨迹。福卡尔基耶（左侧）和马讷（右侧）地区的城市灯光污染了上普罗旺斯天文台东侧的天空。我们也能在图片最左边看到迪朗斯河谷地区的城市灯光，以及更加显眼的莱梅地区射向空中的岩石照明灯光。

上普罗旺斯南侧的光污染

圣米舍洛布塞尔瓦图尔（右侧）城镇的灯光污染了上普罗旺斯天文台南侧的天空。但更严重的污染源是吕贝龙山脉另一侧的城市光晕：马诺斯克（左侧光晕）以及佩尔蒂、普罗旺斯地区艾克斯和马赛（中央的延展光晕）。前景的中央圆顶内就是 1995 年发现第一颗系外行星的 1.93 米口径望远镜。图片底部橙红色的光带是拍摄照片时驶过汽车的示廓灯留下的痕迹。

宇 航 员 视 角

　　绕地飞行的宇航员处于观察城镇灯光在地表造成的光污染的绝佳位置。但这些光污染始终处于他们下方，并不影响他们观察天空。同理，绕地轨道上的天文观测卫星也能躲开这一污染。它们也因为在大气层之外而能够获得质量更高的图像。更好的是它们还能够观测被地球大气吸收的波段，比如极紫外和红外波段。虽然地面观测站的建设和维护成本都更低，但如果光污染在地面和太空中继续增加，今后前沿的天文观测将只能在太空中进行，并且要离地球足够远才能避开近地轨道上诸多卫星造成的光污染。

上比利牛斯省的光污染

南比戈尔峰天文台海拔将近 3000 米，但依然饱受山脚平原中的城市灯光困扰。我们可以看到左下方的巴涅尔-德比戈尔和右下方的拉讷姆藏，我们甚至可以在右侧地平线上看到图卢兹上方的黄色光晕。

欧洲的光污染
这张欧洲的照片由欧空局宇航员蒂姆·皮克于 2016 年摄于国际空间站，展示了英国（上方）、法国（左侧）、比利时和荷兰（右上）城镇上空的光污染。我们能看到巴黎和伦敦上空的大块光斑，还有比利时通宵照明的高速公路形成的一片混沌。图片最上方是位于苏格兰北方的北极光。

关于作者

  米歇尔·马塞兰是法国国家科学研究中心的名誉研究员（这是法国科研人员退休后仍然从事部分相关工作的头衔，类似于返聘。——译者注），任职于马赛天体物理实验室。他从青少年时期就对天空着迷，为自己将爱好发展为职业感到非常幸运。

  他从很小的时候就开始观察天空，14 岁时组装了自己的第一架天文望远镜。他观测天空的事迹曾被地方媒体和电视台报道。1968 年，传统的奖项授予因为受"五月风暴"的影响而未能举行，于是他所就读的高中的家长委员会决定奖励这名优秀的学生一张支票，让他购买一架性能更好的天文望远镜。

  他 16 岁获得了科学业士文凭（法国的高中理科毕业文凭。——译者注）并进入马赛蒂埃尔高中读大学预科班。1972 年进入卡尚高等师范学院就读，1975 年通过物理教师资格考试——时年 21 岁，随后在默东天文台（位于巴黎西南郊，现巴黎天文台分站之一。——译者注）攻读天体物理学 DEA（深入学习文凭，1964 年至 2005 年存在于法国的文凭类型，从年级上算相当于硕士研究生毕业。——译者注），这是他迈向科研世界的第一步。

  1977 年，他获得了法国国家空间研究中心（CNES）的奖学金，前往位于弗尔里埃勒比伊松的高层大气物理学研究所（Service d'aéronomie）继续学业，并于 1978 年通过了博士论文答辩，主题是基于苏联金星探测器观测的金星外层大气研究。

米歇尔·马塞兰和他在家长委员会的支持下购买的天文望远镜。

210

米歇尔·马塞兰 2007 年在欧洲南方天文台下属的智利拉西亚天文台。

之后，他来到了马赛天文台从事星系相关的研究，为此付出了他职业生涯的大多数精力。1981 年他进入法国国家科学研究中心担任研究员，1983 年获得了国家博士资格（该文凭 1984 年被 HDR 取代，取得该资格标志科研人员在其领域的研究水平获得认可，可以招募和指导年轻研究人员。——译者注），论文主题为利用法布里 – 佩罗干涉仪研究星系的速度场。

1996 年至 2000 年，他担任马赛天文台副台长，在此期间组建了心宿二合作项目（Antarès），研究中子和未知粒子，它们由各种类型的天体发出，包括太阳，以每秒数十亿次的频率穿过我们的身体。

2012 年至 2016 年，他担任国家科学委员会"太阳系和深空探测"部门主席，跟踪管理法国国家科学研究中心天体物理学科研人员的招募和生涯发展。

2017 年至 2021 年在科研和高等教育高级评估委员会（Hcéres）负责科研活动部分。

40 多年来，米歇尔·马塞兰有幸使用了多架世界级的望远镜观测天空：在高加索、亚美尼亚、夏威夷、智利，当然还有靠近他出生地的上普罗旺斯。

他是 200 余篇经过同行评议的科学论文的第一作者或合作作者，也参与了很多面向公众的科普讲座、展览，撰写了六本由阿歇特（法国出版巨头。——译者注）出版的天文科普著作，其中《天文学》于 1991 年获得了上莫里耶讷天文学书籍奖，并在 1988 至 2004 年之间五次再版。他因在科普活动中的贡献于 2007 年获得普罗旺斯 - 阿尔卑斯 - 蓝色海岸大区第六届科学节的科学传播奖。

索 引

（按汉语拼音顺序）

212

215

译后记

很高兴能将这本词典式的科普书籍带给对天空充满好奇的中国读者。它虽由天文工作者撰写，但严格意义上说并不是一本天文科普书，而是所有天象的合集，因此涉及很多气象学的内容（尤其是前半部分）。读者可用它查阅平时抬头看天留意到的现象，也可以它为指南去追逐一些有趣或者罕见的天象。

马塞兰先生将自己儿时以来的爱好和大半生仰望天空的经验总结成此书，分享给读者，精美的插图中不乏他自己的作品。我们见面时，他刚刚结束一场讲座。前一位报告人是艺术文化领域的研究者，她掏出手机中的照片向马塞兰先生询问前不久友人拍到的日晕和幻日的成因，马塞兰先生当即打开了本书的相关页面讲解，随后他指着第7页上的照片说："你看这个人影，是我女儿，我拍这张照片的时候对她说，'来，你站到那儿，把太阳挡住，这样日晕更明显'。"

马塞兰先生的语言平实、清晰，有着科研工作者的典型特征。简洁的语言配合示意图，短短几句话便让人茅塞顿开。尽管他分配给每个现象的笔墨不多，但我们仍能看出他不是一位刻板的物理学家，他对一切相关的文化和社会现象娓娓道来，并且始终充满好奇。

翻译过程中我遇到的主要困难有二：第一是法语和中文不同的语言习惯，在解释物理现象时法语的特点尤为明显，句子套着句子，说明性插入语随处可见，译成中文时便不可避免地需要调整语序。科普作品与文学作品不同，信息的准确性和逻辑的严谨性尤为重要，我在忠于原文的基础上力求在中文语境中向读者把问题解释清楚，确保大家看得懂，不违背科学普及的初衷。第二是东西方不同的历史文化独立演化出的对星空迥然不同的划分和解读。如今中文语境中通常使用西方的星座来描述天空，但对大部分亮星仍沿用中国古代星宿的名称，对这一背景不熟悉的读者一开始可能会有些困惑。西方对于这些恒星的称呼大多来源于希腊语、拉丁语和阿拉伯语，我在翻译时对于能够找到大意或来源的名称都做了注解，但仍然有一些有多种解释、没有清晰定论的，在译注中一一注明显然过于冗长，对译文中使用的中国古代星官名称更加不能逐一注解，不免成为一种遗憾。不过，这本书的目的原本就是为新朋友们打开一扇门，对中西天文学史乃至神话故事感兴趣的读者可以此书为出发点查阅更有针对性的资料。

还有一点值得提及，本书中出现的个别地名较为生僻，尤其是法国本土以外的地方（比如北欧的一些小镇），法语、英语和当地语言中的拼写也不尽相同，翻译若有不准确之处还请读者包涵。

我衷心地希望这本书能让更多人注意起我们头顶的天空，并且不止步于此书。《云彩收集者手册》和《夜观星空》也许能成为你们的下一站。天文学让我们看到个体乃至人类全体在时间和空间尺度上的渺小。我们惊叹于郊外漆黑的夜晚一眼望见的137亿年的宇宙，以及在对这宇宙的理解一点点加深的过程中演化出的灿烂的文化，当它们进入你的视野，世界在你眼中便不同了。

程雨婷

2022年4月25日 于巴黎天文台

著作合同登记号 图字：11-2023-212
审图号：GS 京（2023）1496 号

图书在版编目（CIP）数据

天空之吻 /（法）米歇尔·马塞兰著；程雨婷译 .
-- 杭州 : 浙江科学技术出版社 , 2023.9
书名原文：Le Grand Livre de Ciel
ISBN 978-7-5739-0647-2

Ⅰ . ①天… Ⅱ . ①米… ②程… Ⅲ . ①天象 — 普及读
物 Ⅳ . ① P1-49

中国国家版本馆 CIP 数据核字 (2023) 第 083988 号

书　　名	天空之吻	
著　　者	［法］米歇尔·马塞兰	
译　　者	程雨婷	

出版发行　浙江科学技术出版社
　　　　　杭州市体育场路 347 号　　　　邮政编码：310006
　　　　　办公室电话：0571-85176593　　销售部电话：0571-85176040
　　　　　网址：www.zkpress.com　　　　E-mail：zkpress@zkpress.com
印　　刷　天津图文方嘉印刷有限公司

开　本	889mm×1194mm 1/16		印　张	14
字　数	350 千字			
版　次	2023 年 9 月第 1 版		印　次	2023 年 9 月第 1 次印刷
书　号	ISBN 978-7-5739-0647-2		定　价	158.00 元

出版统筹	吴兴元			
编辑统筹	尚　飞		**特邀编辑**	罗泱慈
封面设计	墨白空间·李　易			
责任编辑	卢晓梅		**责任校对**	张　宁
责任美编	金　晖		**责任印务**	叶文炀